Schüler bestimmen
Pflanzen

Herausgegeben von
Doz. Dr. habil. Christa Pews-Ho

DUDEN PAETEC Schulbuchverlag

Berlin · Frankfurt a. M.

Herausgeberin
Doz. Dr. habil. Christa Pews-Hocke

Autoren
Dr. Annemarie Kersten, Wittbriezen
Werner Liebermann, Lauscha
Dr. Irmtraud Meincke, Potthagen
Dr. Manfred Neubauer, Potsdam
Doz. Dr. habil. Christa Pews-Hocke, Berlin
Prof. Dr. habil. Erwin Zabel, Güstrow

Redaktion Doz. Dr. habil. Christa Pews-Hocke
Grafik Christiane Gottschlich, Christiane Mitzkus, Heike Möller, Walther-Maria Scheid, Sybille Storch
Umschlag Christel Ruppin
Gestaltungskonzept Christel Ruppin
Layout Dr. Zlatko Enev

www.duden-schulbuch.de

5. Auflage, 4. Druck 2018

Alle Drucke dieser Auflage sind inhaltlich unverändert
und können im Unterricht nebeneinander verwendet werden.

Druck: Grafisches Centrum Cuno GmbH & Co.KG, Calbe

ISBN 978-3-89818-493-9

PEFC zertifiziert

Dieses Produkt stammt aus nachhaltig bewirtschafteten Wäldern und kontrollierten Quellen

PEFC
PEFC/04-31-1370

www.pefc.de

Inhaltsverzeichnis

6 Ausgewählte Moose, Farnpflanzen und Flechten 136

7 Pflanzen in Ökosystemen 154

1 Zur Arbeit mit diesem Buch

Frühzeitiges Einführen der Schülerinnen und Schüler in das Bestimmen von Pflanzen

In vielfältiger Form ist das Leben der Schülerinnen und Schüler mit den Pflanzen verbunden. Pflanzliche Produkte gehören zu den Grundnahrungsmitteln. Pflanzen liefern Rohstoffe für verschiedene Industriezweige, Pflanzen bestimmen die Lebensgemeinschaften und Ökosysteme, die uns umgeben, sowohl den Wald, die Wiese, das Feld als auch die Grünanlagen in den Städten und Dörfern. Nicht zu vergessen sind die Grünpflanzen in Klassenräumen und Wohnungen.
Eigenes Erleben beim Bestimmen bereitet Freude. Je mehr Pflanzen von den Schülern bestimmt werden, umso besser lernen sie ihre Umwelt kennen und schätzen, tragen sie zu deren Erhaltung und Schutz bei.
Pflanzen zu beobachten und zu bestimmen bedeutet ein Eindringen in die Geheimnisse der Pflanzenwelt.

Leistungen dieses Buches

Dieses Buch soll helfen, die Schülerinnen und Schüler

- in die zwei biologischen Tätigkeiten „Bestimmen von Organismen nach dem dichotomen Schlüssel und „Erkennen von Organismen am Erscheinungsbild“ einzuführen. Damit dient dieses Buch der Realisierung grundlegender Lehrplanforderungen der Bundesländer.

- mit einfachen und umfangreicheren dichotomen Bestimmungsschlüsseln für Pflanzen aus 9 Pflanzenfamilien (Kapitel 4), für Sträucher und Laubbäume (Kapitel 5) sowie für Pflanzen aus den Ökosystemen Laubmischwald, Wiese und Gewässerufer (Kapitel 7) bekannt zu machen.
  Die ausgewählten Pflanzenfamilien und Ökosysteme sind – entsprechend den Lehrplänen der Bundesländer – Gegenstand ihres Biologieunterrichts.

- an genaues Betrachten und Beobachten der charakteristischen Merkmale von Pflanzen, z. B. von Süßgräsern, Moosen, Farnpflanzen und Flechten (Kapitel 6), heranzuführen, um diese an ihrem Erscheinungsbild zu erkennen.

Dieses Buch ist **im Unterricht vielfältig einsetzbar.**
Mithilfe dieses Buches

- kann der Lehrer die Schülerinnen und Schüler **schon ab Klasse 4** durch einfache,kurze dichotome Schlüssel an die Tätigkeit des Bestimmens heranführen.

- kann der Lehrer bei der Behandlung ausgewählter Pflanzenfamilien und Ökosysteme in den verschiedenen Klassenstufen **Bestimmungsübungen** durchführen. Für jede Pflanzenfamilie wurden einfache, kurze Schlüssel zur **Einführung in das Bestimmen** und **zum Üben** aufgenommen. Diese werden durch umfangreichere Schlüssel ergänzt, sodass der Lehrer auch **differenziert** mit den Schülerinnen und Schülern arbeiten kann.

- können sich die Schülerinnen und Schüler sowohl Wissen über biologische Sachverhalte, z.B. über den Aufbau einer Samenpflanze, über charakteristische Familien- und Artmerkmale, aneignen als auch ihr Wissen über diese Sachverhalte wiederholen, festigen und vertiefen.

In den unteren Klassen bzw. bei den ersten Verwendungen sollte dieses Buch **didaktisch-methodisch unter Anleitung des Lehrers** eingesetzt werden. Er muss vorher die Gattungen bzw. Arten auswählen und festlegen, die die Schülerinnen und Schüler bestimmen sollen, da mit diesem Buch nicht die Gesamtheit der Pflanzen bestimmt werden kann.

Durch **häufige Bestimmungsübungen** werden die Schülerinnen und Schüler immer sicherer im Gebrauch dieses Buches. Sie werden angeregt, auch selbstständig das Bestimmen von Organismen durchzuführen. Dabei hilft ihnen der **Bestimmungsschlüssel für die ausgewählten Pflanzenfamilien (Kapitel 3).** Mit ihm kann man die Familie der unbekannten, zu bestimmenden Pflanze finden. Dann kann man anschließend mithilfe des entsprechenden **Familienbestimmungsschlüssels (Kapitel 4)** die unbekannte Pflanze bestimmen.

Zur Gestaltung des Buches

Im **Kapitel 2** werden **wesentliche Merkmale von Samenpflanzen**, die für das Bestimmen wichtig sind, bildhaft dargestellt. Es sind vor allem Merkmale der oberirdischen Teile einer Samenpflanze, z. B. Formen der Sprossachse, Laubblätter, Blüten und Früchte. Es wurden Merkmale ausgewählt, die mit bloßem Auge oder einer Lupe erkannt werden können.
Im **Kapitel 3** wird ein Bestimmungsschlüssel vorgestellt, mit dessen Hilfe man den **Bestimmungsweg** einer unbekannten Pflanze **bis zur Familie** nachvollziehen kann. Hat man die Familie der unbekannten Pflanze gefunden, kann man den entsprechenden Familienbestimmungsschlüssel im Kapitel 4 weiter nutzen, um die gesuchte Pflanze zu bestimmen.
Im **Kapitel 4** sind **Bestimmungsschlüssel** für **Pflanzenfamilien** enthalten, die entsprechend den Rahmenplänen der Bundesländer **Gegenstand des Biologieunterrichts** sind. Hier finden Lehrer, Schülerinnen und Schüler **dichotome Bestimmungsschlüssel**, die auch für Schüler der unteren Klassen verständlich gestaltet wurden.
Die Bestimmungsschlüssel im **Kapitel 5** können besonders für das **Bestimmen von Holzgewächsen** (Bäume, Sträucher) im Sommer- und Winterzustand genutzt werden.
Im **Kapitel 6** wird durch Fotos und Skizzen sowie das Beschreiben charakteristischer Merkmale das **Erkennen der dargestellten Moose, Farnpflanzen** und **Flechten am Erscheinungsbild** ermöglicht.
Im abschließenden **Kapitel 7** wird durch das Bestimmen von Pflanzen verschiedener Familien erreicht, dass die Schülerinnen und Schüler mit der **Vielfalt der Pflanzen in Ökosystemen** bekannt gemacht werden.

Die Bestimmungsschlüssel und ihre Handhabung

Mit diesem Buch kann eine Vielzahl von Samenpflanzen bestimmt werden. Das betrifft sowohl Pflanzen aus Pflanzenfamilien als auch Pflanzen der Ökosysteme Wald, Wiese und Gewässerufer.

Bei der **Gestaltung der Bestimmungsschlüssel** wurde versucht, nur wenige einfache, für den Schüler verständliche, gegensätzliche Merkmale zu verwenden.

In der Regel erfolgt die **Bestimmung** bis zur kleinsten systematischen Einheit, **bis zur Art**. Diese wird dann farbig abgebildet. Damit die Schülerinnen und Schüler sicherer in ihrem Bestimmungsergebnis sind, wird die bestimmte Art nach Möglichkeit durch weitere Merkmale beschrieben.
Oftmals, wenn die Bestimmungsmerkmale nicht ausreichend sind, endet der Bestimmungsweg bei einer höheren systematischen Einheit, der **Gattung.** Dann werden die Anzahl der Arten, die zur bestimmten Gattung gehören, angegeben bzw. auch die dazugehörende Pflanzenfamilie genannt. Eine Beispiel-Art wird immer farbig abgebildet.

Gattung: Kälberkropf
Art: Knollen-Kälberkropf

Bei einigen Pflanzengruppen, z. B. den Süßgräsern, Moosen, Farnpflanzen und Flechten, werden die Schülerinnen und Schüler nicht über Bestimmungsschlüssel zum Ergebnis geführt. Sie können **durch Vergleichen der Originalpflanze mit den Abbildungen** (Foto, Skizzen) und den beschriebenen charakteristischen Merkmalen die jeweilige Pflanze **am Erscheinungsbild erkennen**.
Naturgeschützte Pflanzen und wenige **Giftpflanzen** wurden extra gekennzeichnet.
Bei der **Benennung der Familien, Gattungen und Arten** werden deutsche Namen verwendet. Grundlage dafür sind die Standardwerke für die Pflanzenbestimmung von **W. Rothmaler** „Exkursionsflora von Deutschland, Band 2 Gefäßpflanzen“ und „Exkursionsflora von Deutschland, Band 3 Atlas der Gefäßpflanzen“.

In der Regel ist ein **dichotomer Bestimmungsschlüssel** so aufgebaut, dass 2 unterschiedliche Ausbildungsformen eines Merkmals (z. B. Blüte rot – Blüte weiß) gegenübergestellt und verglichen werden. Die 2 Ausbildungsformen bilden ein **Merkmalspaar**. Die Merkmalspaare werden fortlaufend nummeriert und mit 1 und 1*, 2 und 2* usw. gekennzeichnet (z. B. 1 • Blüte rot – 1* • Blüte weiß). Das bedeutet, dass die Schülerinnen und Schüler **von 2 sich gegenüberstehenden Merkmalen** (1 und 1*, 2 und 2* usw., linke Seite im Buch) **das jeweils zutreffende Merkmal herausfinden und sich dafür entscheiden müssen.**
Um eine Pflanze genauer zu bestimmen, werden oftmals unter 1 und 1*, 2 und 2* usw. mehrere Merkmale angegeben.

Auch dann geht man in gleicher Weise vor und vergleicht die paarweise gegenübergestellten Merkmale miteinander.

1 • Blüte rot
  • Stängel rund

1* • Blüte weiß
  • Stängel kantig.

Die Ziffern hinter den zutreffenden Merkmalen (z. B. 2, 3; Mitte des Buches) führen zu dem Merkmalspaar, bei dem die Bestimmung fortzusetzen ist. So gelangt man schrittweise zum Namen der unbekannten Pflanzengattung oder Pflanzenart.

Beim **Bestimmen** kann man in folgender Schrittfolge vorgehen:

1. Schritt

Lies im Bestimmungsschlüssel das erste angegebene Merkmalspaar (1 und 1*).

2. Schritt

Betrachte bzw. beobachte genau die zu bestimmende Pflanze im Hinblick auf die angegebenen Merkmale. Nutze auch Hilfsmittel wie Lupe, Fernglas.

3. Schritt

Entscheide, welches Merkmal du von den zwei sich gegenüberstehenden Merkmalen auswählst. Setze die Bestimmung fort, indem du entsprechend der Ziffer am Ende der Merkmalszeile zum angegebenen nächsten Merkmalspaar gelangst.

4. Schritt

Wiederhole diese Schritte mit weiteren Merkmalspaaren so lange, bis du zum Namen der unbekannten Pflanze gelangst.

5. Schritt

Benenne die Pflanze. Präge Dir die typischen Merkmale ein.

2 Merkmale zum Bestimmen von Samenpflanzen

Die **Samenpflanzen** (Blütenpflanzen) bilden die höchstentwickelte Gruppe der Pflanzen. Sie besiedeln alle Klimazonen. Die Gruppe umfasst etwa 270 000 Arten. Samenpflanzen sind in Wurzel, Sprossachse und Laubblätter gegliedert. Sie sind durch die Ausbildung von Blüten und Samen charakterisiert.
Nach der Lage der Samenanlagen werden Samenpflanzen unterteilt in

- **Nacktsamer** – die Samenanlagen liegen in den Blüten frei („nackt") auf den offenen Fruchtblättern (Samenschuppen). Ausbildung von Samen, aber keine Früchte (z. B. bei Kieferngewächsen).

- **Bedecktsamer** – die Samenanlagen sind in den Blüten in einem von den Fruchtblättern gebildeten Fruchtknoten eingeschlossen. Ausbildung von Früchten und Samen. Einteilung nach der Anzahl der Keimblätter bei ihren Keimlingen in *einkeimblättrige Pflanzen* (z. B. Süßgräser, Liliengewächse) und *zweikeimblättrige Pflanzen* (z. B. Rosengewächse, Kreuzblütengewächse (↗ S. 12)).

Für die **Bestimmung der Samenpflanzen** werden vor allem oberirdische Teile genutzt, z. B. das Laubblatt, die Sprossachse (Stängel oder Stamm, Zweig), die Blüten und Früchte.

Auf den folgenden Seiten werden einige Bestimmungsmerkmale bildlich dargestellt.

Einkeimblättrige Pflanzen

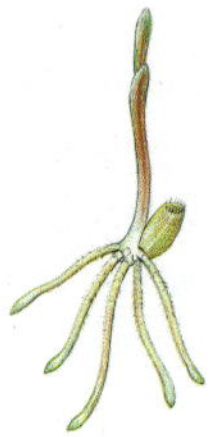

ein Keimblatt

Blätter meist parallelnervig, ungestielt, Blattspreite einfach, ganzrandig

Blütenteile meist 3- bzw. 6-zählig, keine Unterteilung in Kelch und Krone

Stängel meist rund, Leitbündel auf Querschnitt zerstreut

Zweikeimblättrige Pflanzen

zwei Keimblätter (gegenständig)

Blätter meist netznervig, gestielt, Blattspreite einfach oder geteilt, Blattrand verschieden

Blütenteile 4- oder 5-zählig, deutliche Unterteilung in Kelch und Krone

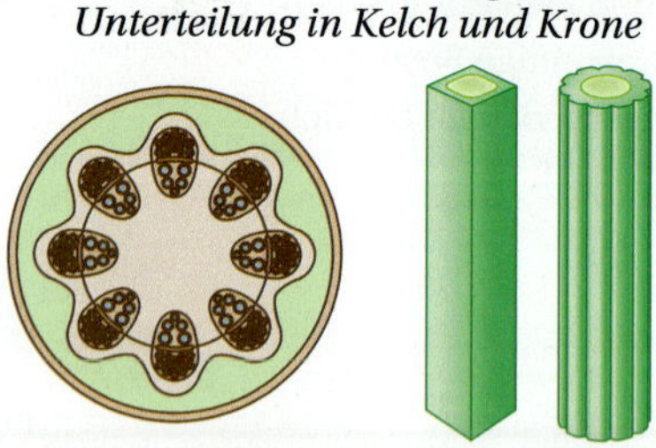

Stängel vielgestaltig, Leitbündel auf Querschnitt im Kreis angeordnet

2.1 Blattformen, Blattränder, Blattstellungen

Bau des Laubblattes

Zweikeimblättrige Pflanze

Einkeimblättrige Pflanze

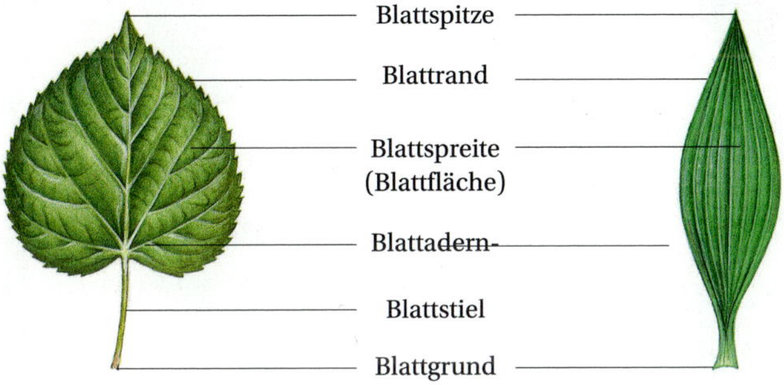

netznervig, netzadrig

parallelnervig, paralleladrig

Blattgrund mit Nebenblättern

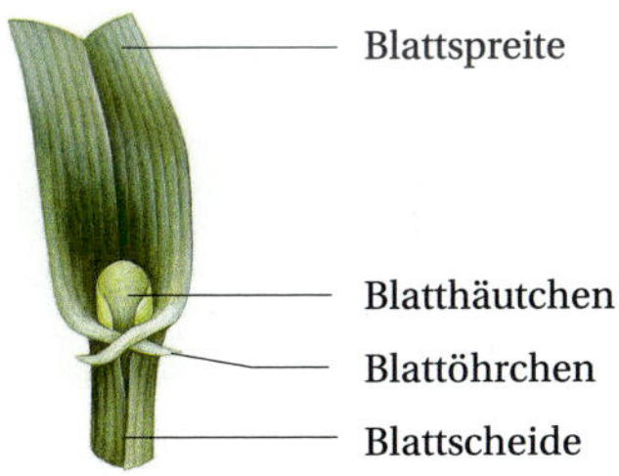

Blattgrund als Blattscheide

Blattspitzen

zugespitzt

breit abgerundet

gestutzt

ausgerandet

Formen der Blattspreite bei einfachen ungeteilten Blättern (Blattspreite besteht aus einer Fläche)

eiförmig

verkehrt eiförmig

herzförmig

lanzettlich

rundlich

elliptisch-oval

keilförmig

linealisch

nierenförmig

schildförmig

spießförmig

nadelartig

verkehrt herzförmig

spatelförmig

pfeilförmig

schuppenartig

Formen der Blattspreite bei gelappten, gespaltenen und geteilten Blättern (Blattspreiten mit unterschiedlich tiefen Einschnitten)

dreilappig

handförmig gelappt

fiederlappig, gebuchtet

dreispaltig

handförmig gespalten

fiederspaltig

leierförmig

dreiteilig

handförmig geteilt

fiederteilig

haarfein geteilt

Formen der Blattspreite bei zusammengesetzten Blättern (Blattspreiten durch tiefe Einschnitte in getrennte Teilblättchen zerlegt)

dreizählig

vielzählig, gefingert

paarig gefiedert

unpaarig gefiedert

unterbrochen gefiedert

doppelt gefiedert (mehrfach gefiedert)

fußförmig zusammengesetzt

Formen des Blattrandes

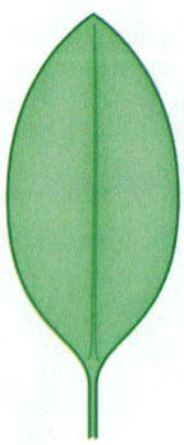
ganzrandig

gebuchtet (Zähnchen außen rund, innen gerundete Buchten)

gesägt (Zähnchen außen und innen spitz)

doppelt gesägt (Zähnchen nochmals mit Zähnchen besetzt)

gezähnt (Zähnchen außen spitz, innen rund)

grob gezähnt oder gelappt (Zähnchen mit größeren Rundungen)

gekerbt (Zähnchen außen rund, innen spitz)

schrot sägeförmig (Zähnchen groß, fein gesägt und rückwärtsgerichtet)

Stellungen der Blätter an der Sprossachse

grundständig, rosettig

quirlständig

wechselständig

gegenständig

kreuzweise gegenständig

Anheftung der Blätter an der Sprossachse

gestielt

sitzend, ungestielt

stängelumfassend

durchwachsen

herablaufend

2.2 Formen der Sprossachse

Stellungen und Wuchsformen der Sprossachse

aufrecht (erhebt sich senkrecht)

aufsteigend (erhebt sich bogig)

kletternd (richtet sich mithilfe von Ranken, Stacheln oder Wurzeln an einer Stütze auf)

windend (wächst schraubenförmig um eine Stütze)

niederliegend (liegt dem Boden auf, ohne zu wurzeln)

kriechend (liegt dem Boden auf, an Knoten Wurzeln bildend)

Gestalt der Sprossachsen im Querschnitt

rund (kreisförmig)

halbstielrund (halbkreisförmig)

vierkantig (viereckig)

dreikantig (dreieckig)

gefurcht (mit längs verlaufenden Rinnen)

gerippt (mit längs verlaufenden Rippen)

zusammengedrückt (abgeflacht, elliptisch)

geflügelt (mit längs verlaufenden, dünnen Leisten)

Besondere Formen der Sprossachsen

Sprossdornen (spitze Zweigenden oder Seitenzweige)

Sprossranken (zu Ranken umgebildete Haupt- oder Seitensprosse)

2.3 Blütenformen und Fruchtformen

Bau der Blüte

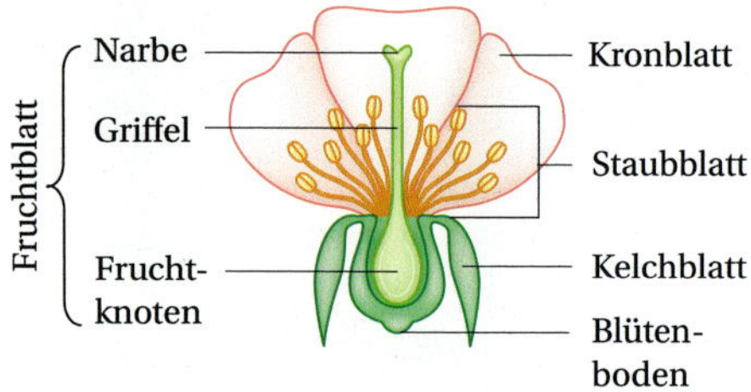

Zwittrige Blüte einer zweikeimblättrigen Pflanze (Kirsche)

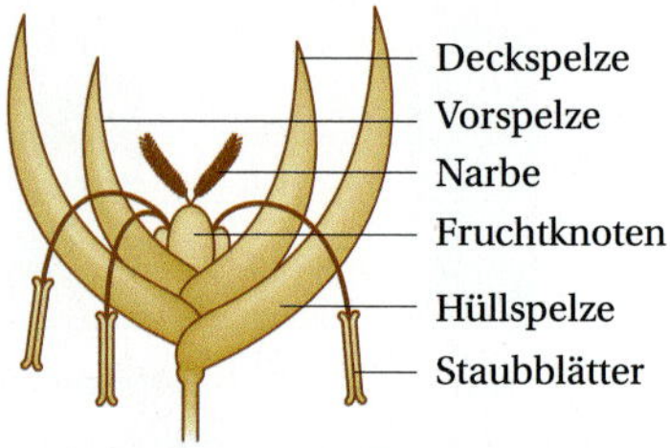

Ährchen einer einkeimblättrigen Pflanze (Süßgräser)

Blütenhülle besteht aus Kron- und Kelchblättern

einfach (Kelch- und Kronblätter in Form und Farbe gleich oder fast gleich)

doppelt (Kelch aus meist grünen Kelchblättern, Krone aus meist farbigen Kronblättern)

freiblättrig (Kelch- und Kronblätter einzeln am Blütenboden)

verwachsenblättrig (Kelch- und Kronblätter jeweils verwachsen)

Blütenformen

regelmäßig oder strahlig (symmetrisch)

unregelmäßig oder zweiseitig symmetrisch (z. B. Schmetterlings-, Lippenblüte)

Bei Blüten mit verwachsenen Kronblättern weist die **Blütenkrone** verschiedene Formen auf, z. B. glocken-, zungen-, röhren-, schmetterlings-, trichter-, rad-, keulen-, krug-, lippenförmig.

glockenförmig

trichterförmig

stieltellerförmig

zungenförmig

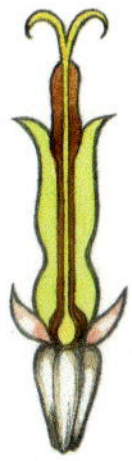

röhrenförmig

Stellung des Fruchtknotens

oberständig (steht auf Blütenboden)

mittelständig (steht auf Grund des ausgehöhlten Blütenbodens)

unterständig (in Blütenboden eingesenkt und mit ihm verwachsen)

Formen der Blütenstände

Rispe
(Blütenstandsachse mit meist mehrmals verzweigten, blütentragenden längeren Nebenachsen)

Ährenrispe
(Blütenstandsachse mit kurzen, mehrmals verzweigten, blütentragenden Nebenachsen)

Ähre
(Blütenstandsachse mit ungestielten Ährchen oder mit kurzen, unverzweigten, blütentragenden Nebenachsen)

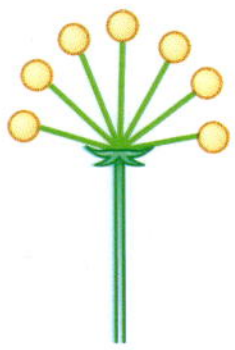

Dolde
(verkürzte Blütenstandsachse, am Ende unverzweigte, blütentragende, langstielige Nebenachsen)

Doppeldolde
(verkürzte Blütenstandsachse, am Ende langstielige Nebenachsen mit „Döldchen“)

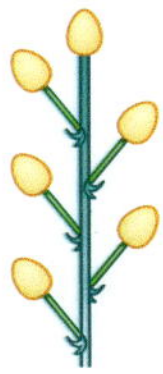

Traube
(Blütenstandsachse mit unverzweigten, blütentragenden Nebenachsen)

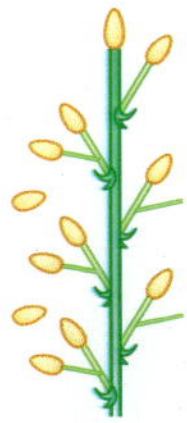

Doppeltraube
(Blütenstandsachse mit einfach verzweigten, blütentragenden Nebenachsen)

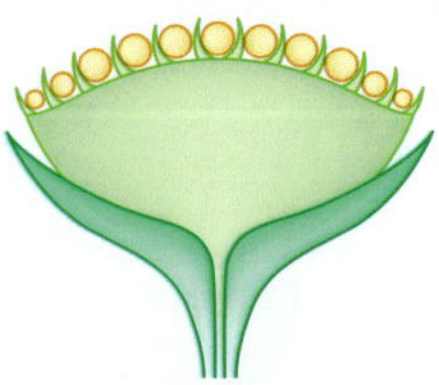

Körbchen
(Blütenstandsachse knopf- bis scheibenförmig verbreitert, darauf sitzen Einzelblüten, von Hüllblättern umgeben)

Köpfchen
(Blütenstandsachse gestaucht, darauf sitzen kurz- oder ungestielte Einzelblüten)

Kätzchen
(Blütenstandsachse oft hängend, mit Blüten)

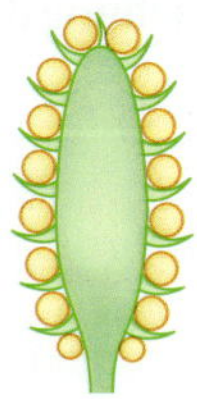

Kolben
(Blütenstandsachse verdickt, mit ungestielten Blüten)

Formen der Streufrüchte (Trockenfrüchte) (entlassen Samen zur Reifezeit)

Schote

Gliederschote

Schötchen

Früchte öffnen sich an 2 Nähten, Samen sitzen an Mittelwand.

Hülse

Gliederhülse

Früchte öffnen sich an 2 Nähten, Samen sitzen an Rändern.

Balgfrucht

Früchte öffnen sich nur an einer Naht.

Kapseln

Früchte öffnen sich durch Risse, Poren, Deckel in der Fruchtwand.

Spaltfrüchte

Früchte zerfallen in Teilfrüchte mit je 1 Samen.

Formen der Schließfrüchte als Trockenfrüchte (Samen bleiben zur Reifezeit in trockener Fruchtwand eingeschlossen)

Nuss

Früchte mit holziger Fruchtwand und 1 Samen

Nüsschen

Früchte mit häutiger Fruchtwand und 1 Samen

Formen der Schließfrüchte als Saftfrüchte (Samen bleiben zur Reifezeit in fleischiger, saftiger Fruchtwand eingeschlossen)

Beere

Steinfrucht

Formen der Schließfrüchte als Sammelfrüchte

Sammelnussfrucht

Sammelsteinfrucht

Sammelfrüchte entstehen in Blüten mit mehreren Fruchtknoten, da jeder Fruchtknoten ein Früchtchen bildet. Sie alle zusammen erscheinen wie eine Frucht. Oftmals ist der Blütenboden daran beteiligt.

3 Bestimmungsschlüssel für die ausgewählten Pflanzenfamilien

Die Pflanzen werden nach ihren Hauptmerkmalen in verschiedene Pflanzenfamilien eingeteilt.
Mit diesem Buch können Pflanzen aus 10 verschiedenen Pflanzenfamilien bestimmt werden.
Ehe man eine unbekannte Pflanze bestimmen kann, muss die entsprechende Pflanzenfamilie erkannt oder bestimmt werden.
Wer eine unbekannte zu bestimmende Pflanze aufgrund ihrer Merkmale einer Pflanzenfamilie zuordnen kann, weil er die Familienmerkmale kennt und an der Pflanze wiedererkennt, beginnt mit der Bestimmung gleich bei der entsprechenden Familie (Kapitel 4).
Wer keine genaue Kenntnis über die Merkmale der Pflanzenfamilie, zu der die zu bestimmende Pflanze gehört, hat, muss zuerst die entsprechende Familie bestimmen und benutzt dafür den unten ausgewiesenen **Familienbestimmungsschlüssel**. Er findet die Familie durch genaues Betrachten der zu bestimmenden Pflanze.
Zum Bestimmen wurden Sprossachse, Blätter und Blüten herangezogen.

Bestimmungsschlüssel für die ausgewählten 10 Pflanzenfamilien

1 • Sprossachse holzig
• Bäume oder Sträucher
• Blätter nadelförmig

Kieferngewächse (↗ S. 44)
Nadeln einzeln, zu 2–5 oder bis zu 15 und mehr in Scheide am Nadelgrund, Samen in holzigen Zapfen

Wald-Kiefer

Europäische Lärche

1* • Sprossachse krautig bis holzig
• Krautige Pflanze, Baum oder Strauch
• Blätter vielgestaltig ············ ► 2

2 • Sprossachse krautig
• Blätter schmal linealisch bis breit elliptisch oder schuppenförmig
• Blätter parallelnervig

Einkeimblättrige Pflanzen
(hierzu 2 Familien) ········· ► 9

2* • Sprossachse krautig oder holzig
• Blätter vielgestaltig, einfach oder zusammengesetzt
• Blätter meist netznervig

Zweikeimblättrige Pflanzen
(hierzu 8 Familien) ········· ► 3

3 • Blüten stehen zu vielen gemeinsam in einem Blütenkorb oder als Einzelblüten in doldenförmigen Blütenständen ················ ► 4

3* • Blüten stehen einzeln oder in anderen Blütenständen, nicht in Korb oder Dolde ··········· ► 5

4 • Blüten in korbförmigen Blütenständen
• Einzelblüten als Zungen- und Röhrenblüten

Korbblütengewächse (↗ S. 50)
Körbe von Hüllblättern umgeben, Blätter vielgestaltig, wechselständig

2

2*

2*

4

4

4

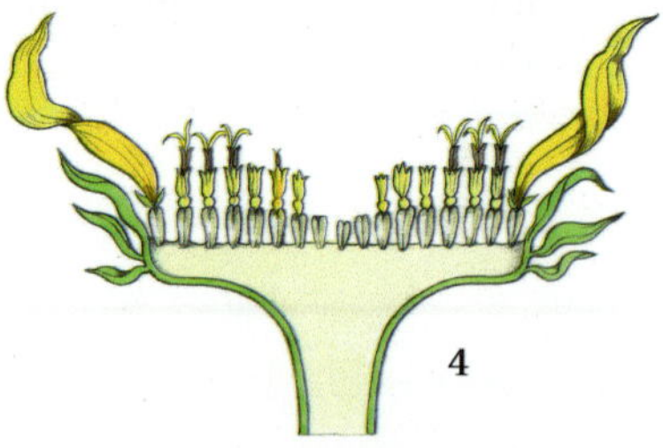
4

Sonnenblume

4* • Blüten in doldenförmigen Blütenständen, meist in Doppeldolden, auch schirmähnlich
- Einzelblüten strahlig mit je 5 Kelch-, Kron- und Staubblättern

Doldengewächse (↗ S. 30)
Stängel hohl, durch Knoten gegliedert, Blätter stängelumfassend, meist fiederförmig

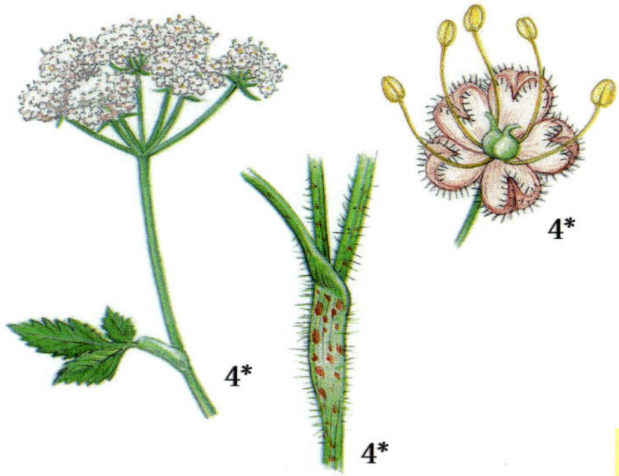

Taumel-Kälberkropf

5 • Einzelblüten schmetterlingsförmig (Schmetterlingsblüte) mit je 5 verwachsenen Kronblättern (Fahne, 2 Flügel, Schiffchen) und Kelchblättern, mit 10 Staubblättern (alle 10 oder 9 bilden eine Röhre, sind verwachsen)

Schmetterlingsblütengewächse (↗ S. 98)
Blätter wechselständig, mit Nebenblättern, meist zusammengesetzt, Blüten in Trauben oder Köpfchen

Garten-Erbse

5* • Blüten anders gestaltet, nicht schmetterlingsförmig ········· ▶ 6

6 • Einzelblüten zweiseitig symmetrisch, lippenförmig mit 5 Kronblättern, verwachsen zur Ober- und Unterlippe (Lippenblüte)
- Meist 4 Staubblätter (2 längere, 2 kürzere)

Lippenblütengewächse (↗ S. 80)
Stängel vierkantig, Blätter meist gekreuzt gegenständig

Goldnessel

6* • Blüten nicht lippenförmig, anders gestaltet
• Staubblätter 6 oder viele ······· ► 7

7 • Blüten mit je 4 Kelch- und Kronblättern, die sich kreuzweise gegenüberstehen (Kreuzblüte)
• Meist 4 Staubblätter (4 lange, 2 kurze)

Kreuzblütengewächse (↗ S. 64)
Blätter vielgestaltig, wechselständig, oft Rosetten

7* • Blüten meist mit je 5 Kelch- und Kronblättern
• Viele Staubblätter ············· ► 8

8 • Blüten strahlig
• Blätter mit Nebenblättern

Rosengewächse (↗ S. 88)
Blätter vielgestaltig, wechselständig, Blüten einzeln oder in Köpfchen, Trauben, Rispen

8* • Blüten strahlig, aber auch zweiseitig symmetrisch, gespornt oder helmförmig
• Blätter ohne Nebenblätter

Hahnenfußgewächse (↗ S. 38)
Blüten meist je 5 Kron- und Kelchblätter, viele Staubblätter, Blätter vielgestaltig, wechsel- und grundständig

7
Acker-Senf

7
Bauernsenf

8
Blutwurz

8
Heckenrose

8
Großer Wiesenknopf

8*
Gelbes Windröschen

8*
Rittersporn

8*
Eisenhut

9 • Blätter schmal linealisch, stängelumfassend
• Blüten unscheinbar, grünlich, in Ährchen, diese in Ähren, Rispen oder Ährenrispen zusammengefasst

Echte Gräser
(Süßgräser ↗ S. 104)
Stängel (Halm) rund, hohl, knotig

9* • Blätter schmal linealisch bis breit elliptisch oder schuppenförmig
• Blüten meist auffällig gefärbt, einzeln oder in Trauben, Rispen, Dolden zusammengefasst

Liliengewächse (↗ S. 74)
Blüten aus je 3 gleich gestalteten Kelch- und Kronblättern, Staubblätter meist 6

9

9

9

9*

9*

9*

Gartentulpe

4 Ausgewählte Familien der Samenpflanzen

4.1 Familie Doldengewächse

Diese Pflanzenfamilie umfasst etwa 3 000 Arten. Sie sind vor allem als Steppen-, Sumpf-, Wiesen- und Waldpflanzen in den gemäßigten Zonen der Erde verbreitet. Es sind krautige Pflanzen. Viele Doldengewächse enthalten ätherische Öle und dienen als **Heil**- oder **Gewürzpflanzen**, z. B. *Petersilie, Dill, Kerbel, Liebstöckel, Anis, Kümmel,* bzw. als **Arzneipflanzen,** z. B. *Fenchel, Engelwurz.* Einige Arten besitzen rübenförmige Wurzeln, die als **Gemüse** gegessen werden, z. B. *Möhre, Sellerie, Pastinak.* Einige Arten sind **Giftpflanzen**, z. B. *Gefleckter Schierling, Wasserschierling, Hundspetersilie.*

Die Doldengewächse sind an grundlegenden Merkmalen zu erkennen. Ihre **hohlen Stängel** sind durch Knoten gegliedert und tragen **wechselständig angeordnete, meist gefiederte Laubblätter**. Diese umfassen den Stängel mit einer Blattscheide.

Blattformen

Wilde Möhre

In den kleinen, meist weißen (selten gelben) **Blüten** sind die Teile strahlig angeordnet. Sie besitzen 5 Kelch- (meist zurückgebildet), 5 Kron-, 5 Staubblätter, 1 unterständigen Fruchtknoten aus zwei verwachsenen Fruchtblättern. Als **Blütenstand** kommt meistens eine zusammengesetzte Dolde (Doppeldolde) vor, die oftmals am Grunde eine Hülle aufweist.
Die **Frucht** ist eine zweiteilige Spaltfrucht, die in 2 einsamige Teilfrüchte zerfällt. Sie können schmal und lang, aber auch rundlich, linsenförmig sein. Manche Früchte besitzen Flügel, sind geschnäbelt oder auch stachlig.

Blüte

fünfzählig, radiär

Fruchtformen

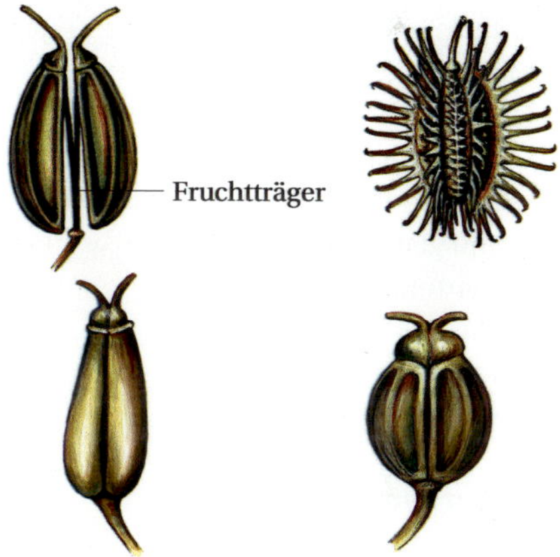

zweiteilige Spaltfrucht

Blütenstände

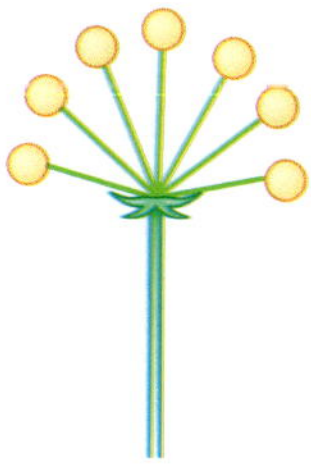

Dolde

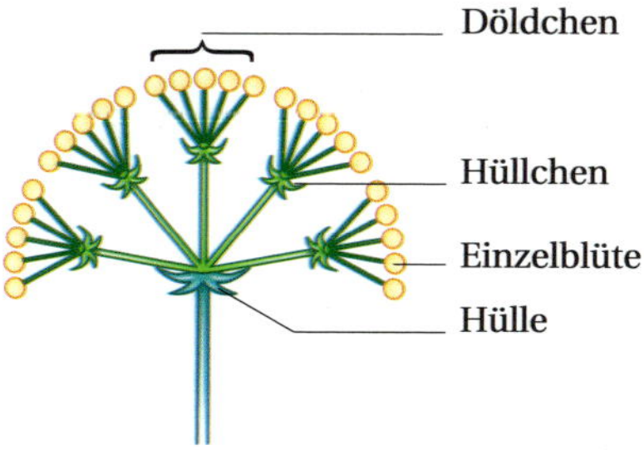

zusammengesetzte Dolde (Doppeldolde)

Doppeldolde

Einige Doldengewächse

1 • Pflanze distelartig
  • Blätter dornig ▶ 1

Mannstreu
Blütenstand köpfchenförmig, dornige Hülle
(Gattung mit 3 Arten)

1* • Pflanze nicht distelartig
  • Blätter nicht dornig ▶ 2

2 • Blätter ungeteilt, ganzrandig

Hasenohr
Blüten gelb, Spaltfrüchte klein und glatt
(Gattung mit 6 Arten)

2* • Blätter geteilt oder zusammengesetzt ▶ 3

3 • Blätter handförmig geteilt (fünfteilig) ▶ 4

3* • Blätter dreizählig, gefiedert oder fiederteilig ▶ 5

4 • Dolde einfach, kopfförmig
  • Hülle der Dolde lang, rötlich oder weiß, sternförmig angeordnet
  • Laubblätter 3- bis 7-teilig

Sterndolde
Blüten weiß bis rosa
(Gattung mit 2 Arten)

Feld-Mannstreu 1

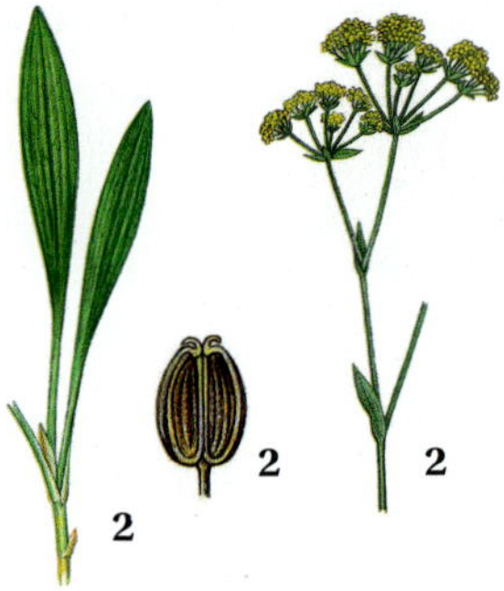
2 2 2
Sichel-Hasenohr

2
Rundblättriges Hasenohr

4 4
Große Sterndolde

4* • Dolde zusammengesetzt, Döldchen köpfchenförmig
• Hüllchen der Döldchen klein
• Grundständige Laubblätter, handförmig geteilt und gestielt

Wald-Sanikel
Blüten weiß bis rosa, Spaltfrüchte hakig bestachelt, fast kugelig, Stängel mit 1–2 sitzenden Laubblättern

4*

4*

5 • Blüten gelb, grünlich, grünlich gelb oder weiß ················ ▶ 6

5* • Blüten weiß oder rötlich ······· ▶ 7

6 • Hüllchen vielblättrig
• Laubblätter gefiedert, Fiederblättchen gelappt, rauhaarig

Wiesen-Bärenklau
Doldenblüten weiß oder grünlich gelb bis gelb, Dolden 7- bis 25-strahlig, Stängel kantig gefurcht mit steifen Haaren, große Blattscheide

6

6

6

6* • Hüllchen fehlend
• Laubblätter gefiedert, Fiederblättchen haarförmig

Dill
Doldenblüten gelb, Blattscheiden kurz (1–2 cm lang), ohne Öhrchen, Pflanze würzig riechend

6*

7 • Spaltfrüchte schmal, lang, linealisch .... ► 8

7* • Spaltfrüchte rundlich .... ► 9

8 • Spaltfrüchte mit kurzen Rippen und kurz geschnäbelt
- Laubblätter glänzend, 2- bis 3-fach gefiedert
- Pflanze süßlich riechend

> **Kerbel**
> Blüten weiß, Stängel und Blattstiele glatt, kahl
> (Gattung mit 4 Arten)

8* • Spaltfrüchte mit langen Rippen und sehr kurz geschnäbelt
- Laubblätter dreizählig oder gefiedert
- Pflanze geruchlos, würzig oder unangenehm riechend

> **Kälberkropf** (↗ S. 36)
> Blüten weiß oder rosa bis hell purpurn, Stängel und meist auch Blattstiele rauhaarig, Hüllchenblätter meist nach unten gerichtet
> (Gattung mit 5 Arten)

9 • Früchte kahl
- Mittleres Döldchen der zusammengesetzten Dolde wie andere Blüten gefärbt .... ► 10

7

7*

8

8

Wiesen-Kerbel

8*

8*

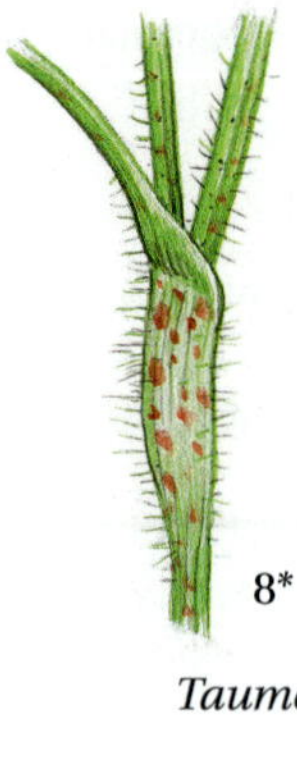
8*

Taumel-Kälberkropf

9* • Früchte stachelig
- Mittleres Döldchen der zusammengesetzten Dolde meist zurückgebildet, besitzt oftmals eine dunkelrote bis schwarze Blüte

Wilde Möhre
Beim Zerreiben der Blätter Geruch nach Möhren, Hülle groß und fiederteilig, Blüten weiß, Dolde zur Fruchtzeit „vogelnestartig“ zusammengezogen

10 • Blätter mehrfach fiederteilig, Fiederblättchen vielspaltig mit quirlförmig angeordneten haarfeinen Zipfeln
- Pflanze stark bitterwürzig riechend

Feinblättrige Bärwurz
Weiße Blüten, Stängel meist unverzweigt, kantig, oft rotbraun, mehrjährige, horstbildende krautige Pflanze, bis 45 cm hoch, als Gewürzkraut verwendet

10* • Blätter einfach fiederteilig
- Blätter beim Zerreiben unangenehm riechend

Pimpinella oder **Bibernelle**
Blüten weiß bis rosa, Dolden mittelgroß, endständig, unterirdisch ausdauernde, 30–100 cm hohe Pflanzen
(Gattung mit 2 Arten)

9*

9*

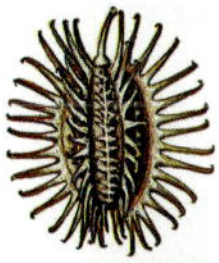
9*

9*

9*

10

10*

10*

Große Pimpinella

Bestimmungsschlüssel der Gattung Kälberkropf

1 • Kronblätter am Rand wimperartig behaart (Lupe)
• Stängel unter den Knoten nicht deutlich verdickt

Rauhaariger Kälberkropf
Hüllchen bewimpert, Laubblätter doppelt dreizählig, mit fiederspaltigen, gesägten Teilblättchen, Kronblätter weiß oder rötlich, Stängel rauhaarig, bis 1 m hoch

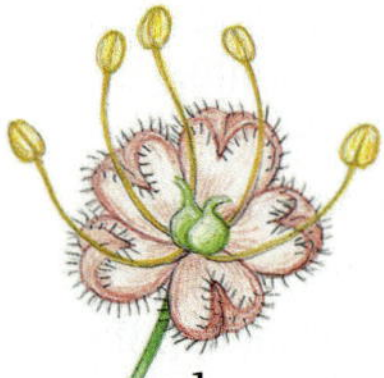

1

1

1

1* • Kronblätter kahl, nicht bewimpert (Lupe)
• Stängel unter den Knoten verdickt oder wenigstens rotfleckig ····· ► 2

2 • Laubblätter 2- bis 3-fach dreizählig
• Blättchen doppelt gesägt

Aromatischer Kälberkropf
Stängel rot gefleckt, an den Knoten verdickt, Blüten weiß, Pflanze würzig riechend, bis 1,20 m hoch

2

2* • Laubblätter gefiedert
• Blättchen an der Spitze einfach gesägt ················ ► 3

3 • Laubblätter 2- bis 3-fach gefiedert
• Fiederblättchen fiederspaltig, stumpfzipfelig und abgerundet

Taumel-Kälberkropf
Blüten weiß bis rötlich, Hüllchen bewimpert, Stängel kantig, steifhaarig, rot gefleckt oder rötlich überlaufen, an den Knoten verdickt, Laubblätter 2- bis 3-fach gefiedert mit stumpfen eiförmigen Endabschnitten, Hülle oft fehlend, Früchte längs gerippt, bis 1 m hoch

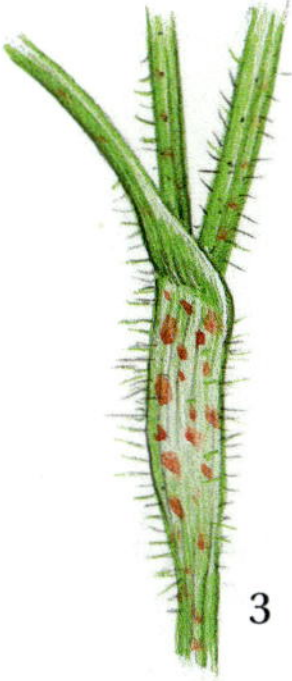
3

3

3

3* • Laubblätter mehr als doppelt gefiedert
• Fiederblättchen spitz endend .... ▶ 4

4 • Hülle wimperartig behaart, gesenkt
• Stängel bis oben behaart

Gold-Kälberkropf
Blüten weiß, bis 1,20 m hoch

4

4

4* • Hülle kahl, nicht gesenkt
• Stängel oben bereift und kahl

Rüben-Kälberkropf oder **Knollen-Kälberkropf**
Unterer Stängelabschnitt knollig verdickt, Stängel unten rot gefleckt und borstig behaart, an den Knoten verdickt, Laubblätter 3-fach gefiedert, Pflanze unangenehm riechend, bis 1,80 m hoch

4*

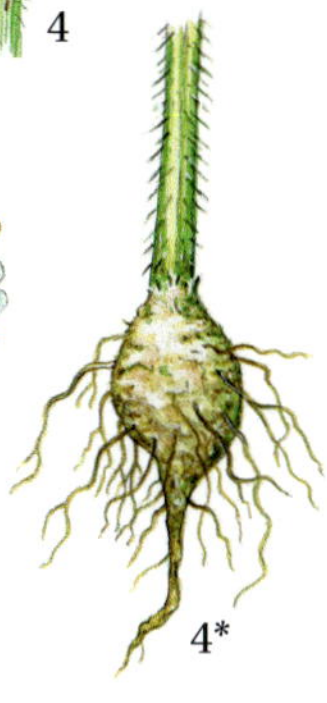
4*

4.2 Familie Hahnenfußgewächse

Zu dieser Familie gehören weltweit etwa 2 000 verschiedene Pflanzenarten, bei uns etwa 70. Viele sind weit verbreitet. Man findet sie an völlig verschiedenen Standorten. Manche leben im Wasser (z. B. *Wasser-Hahnenfuß),* andere wachsen auf feuchten Stellen (z. B. *Sumpf-Dotterblume)* und andere wieder findet man nur auf trockenen Standorten (z. B. *Küchenschelle).*

Unter den Hahnenfußgewächsen befinden sich **Zierpflanzen** (z. B. *Rittersporn*) und **Giftpflanzen** (z. B. *Eisenhut*).

Geschützt sind u. a.: *Eisenhut, Frühlings-Adonisröschen, Wald-Windröschen, Akelei, Hoher Rittersporn, Trollblume, Schwarze Nieswurz, Leberblümchen, Küchenschelle, Zungen-Hahnenfuß.*

Die Pflanzen haben meist strahlig gebaute (radiärsymmetrische) **Blüten** mit auffällig gefärbten Kronblättern; seltener ist die Blüte zweiseitig symmetrisch. Sie besitzen viele Staubblätter und meist viele Fruchtblätter, die frei und oberständig sind.

Die Blüte kann einfach sein (ohne Kelchblätter) oder oft 5 Kelch- und 5 Kronblätter besitzen.

Blütenformen

radiär

Kriechender Hahnenfuß

mit Sporn

helmförmig

mit Blattquirl

Als **Früchte** kommen **Balgfrüchte** mit mehreren Samen und **Nüsse** mit einem Samen vor, selten sind es **Beeren** oder **Kapseln**.
Die **Laubblätter** sind meist geteilt und wechselständig bzw. grundständig angeordnet. Oftmals sind sie handförmig eingeschnitten oder zusammengesetzt.
Die Hahnenfußgewächse besitzen keine Nebenblätter (gutes Unterscheidungsmerkmal zu den Rosengewächsen).
Viele Pflanzen (Arten) dieser Familie sind einjährig (z. B. *Acker-Hahnenfuß*) oder ausdauernde Kräuter (z. B. *Busch-Windröschen*), seltener Sträucher (z. B. *Weiße Waldrebe*).

Fruchtformen

Balgfrüchte *Nüsschen mit Flughaaren* *Kapsel*

Blattformen

Einige Hahnenfußgewächse

1 • Blüten gespornt ·············· ► 2

1* • Blüten nicht gespornt, radiär (strahlig) ····················· ► 4

2 • Blüten mit 5 Spornen, hackenförmig gebogen
• Blätter dreizählig oder dreiteilig

> **Wald-Akelei**
> Häufig Zierpflanze, Blüten hängend, bis 80 cm hoch,
> **geschützt!**

2* • Blüten mit einem Sporn, nicht hackenförmig gebogen
• Blätter anders gestaltet ········ ► 3

3 • Blätter handförmig geteilt
• Blütenstand (Traube) mit vielen Blüten
• Blüten blau bis violett

> **Hoher Rittersporn**
> Bis 1,5 m, **giftig**, insbesondere die Balgfrucht,
> Zierpflanze

3* • Blätter fiederteilig
• Blütenstand (Traube) mit wenigen Blüten
• Blüten meist leuchtend blau

> **Feld-Rittersporn**
> Auf nährstoffreichen Äckern, **giftig**, insbesondere die Balgfrucht, bis 40 cm hoch

1

1*

2

2

2*

3

3

3*

4 • Stängel nur am Grunde mit Blättern
• Blätter dreilappig

4

4

Leberblümchen
radiäre Blüten blau, vor den Blättern ausgebildet, unter der Blüte 3 kelchartige grüne Hüllblätter, die ganze Pflanze schwach **giftig**, **geschützt!**

4* • Stängel auch über dem Grund mit Blättern
• Blätter nicht dreilappig, anders gestaltet ▶ 5

5

5 • Unterhalb der Blüte ein Blattquirl ▶ 6

5

5* • Unterhalb der Blüte kein Blattquirl ▶ 9

6 • Blattquirl dicht unterhalb der Blüte
• Stängel nur mit einer Blüte
• Blüte gelb

6

Winterling oder
Gelber Winterstern
Grundblätter 5- bis 7-teilig, herzförmig, rundlich, nach der Blüte erscheinend, Zierpflanze, Frühblüher

6* • Blattquirl etwas von der Blüte entfernt
• Stängel mit einer oder mehreren Blüten
• Blüte gelb oder andersfarbig ▶ 7

6*

7 • Blüten hellviolett
- Blüten glockenförmig
- Fruchtstand mit federartigen Fortsätzen

Echte Kuhschelle
Blüten aufrecht, Grundblätter 2- bis 3-fach fiederspaltig mit schmalen Zipfeln, bis 50 cm hoch,
geschützt!

7

7

7* • Blüten weiß oder gelb
- Blüten mit anderer Form
- Fruchtstand ohne federartige Fortsätze .... ► 8

8 • Blüten weiß, einzeln, radiär
- Blüten außen kahl, nicht behaart

Busch-Windröschen
Blätter dreiteilig, Abschnitte 2- bis 3-spaltig, gestielt, bis 25 cm hoch, ganze Pflanze schwach **giftig**, Frühblüher

8

8* • Blüten gelb, oft zu zweit, radiär
- Blüten außen behaart

Gelbes Windröschen
Blätter dreiteilig, fast sitzend am Stängel, bis 25 cm hoch, ganze Pflanze schwach **giftig**, Frühblüher

8*

9 • Blätter handförmig geteilt, dreiteilig oder zungenförmig
• Blüten weiß oder gelb, radiär

Hahnenfuß
Blüten meist radiärsymmetrisch, 3–5 grüne Kelchblätter, 5 Kronblätter, zahlreiche Staub- und Fruchtblätter (Gattung mit 23 Arten)

9
Kriechender Hahnenfuß

9* • Blätter ungeteilt
• Blüten gelb, radiär ············ ► 10

9
Zungen-Hahnenfuß
geschützt

10 • Blätter bis 4 cm, rundlich, herzförmig, glänzend sattgrün
• Blüten goldgelb mit 3 Kelchblättern

Scharbockskraut
In den Blattachseln oft Brutknöllchen (ungeschlechtliche Fortpflanzung), 8 Kronblätter, Stängel liegend bis aufsteigend, Wurzelknollen als Speicherorgane, Frühblüher

10

10* • Blätter größer als 4 cm, nierenförmig, glänzend dunkelgrün
• Blüten dottergelb, ohne Kelchblätter

Sumpf-Dotterblume
Stängel dick, hohl, im oberen Bereich verzweigt, mit mehreren Blüten, bogig aufsteigend bis aufrecht, obere Blätter sitzend, untere Blätter lang gestielt; sehr feuchte Standorte

10*

4.3 Familie Kieferngewächse

Zu dieser Pflanzenfamilie gehören nur **Holzgewächse**, vor allem Nadelbäume, z. B. Arten der Gattungen Lärche, Fichte, Tanne, Kiefer, Douglasie, Sumpfzypresse. Nadelbäume bestimmen oftmals das Landschaftsbild. Fichten sind besonders in den Mittelgebirgen zu finden, in Sandgebieten ist die Kiefer der vorherrschende Baum.

Unter den Kieferngewächsen befinden sich sowohl viele Forstbäume, z. B. *Gemeine Kiefer, Gemeine Fichte, Weiß-Tanne,* als auch Zierbäume, z. B. *Nordmann Tanne, Stech-Fichte.*

Die Kieferngewächse gehören zu den **Nacktsamern**. Es werden Samen, aber keine Früchte ausgebildet.

Zum **Bestimmen** betrachten wir vor allem die **Form** und **Anordnung** der **Nadeln** sowie die **Zapfen**.

Die **Blätter** der Kieferngewächse sind Nadeln. Über deren kleine Oberfläche, die meist noch sehr hart und fest ist, geben die Nadeln nur wenig Wasser ab; so können die Nadeln fast aller Kieferngewächse auch Frosttrockenheit im Winter ertragen.

Nadeln

Wald-Kiefer

zu fünft stehend

in Büscheln

einzeln

zu zweit stehend

Männliche und weibliche **Blüten** befinden sich an verschiedenen Zweigen eines Baumes. Kieferngewächse sind **einhäusig**, die Blüten **eingeschlechtig**. Die männlichen Blüten bestehen aus vielen Staubblättern und bilden eiförmige, längliche oder walzenförmige „Kätzchen", die zu mehreren an den Trieben zusammenstehen.

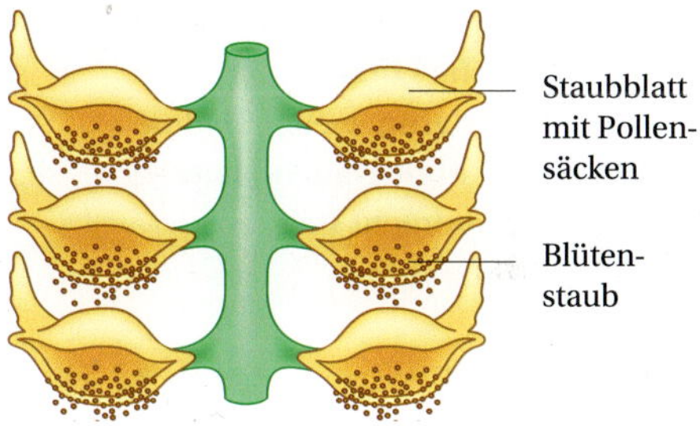

Die weiblichen Blüten bilden zapfenförmige Blütenstände. Diese bestehen aus zahlreichen Samenschuppen (Fruchtblättern), die an einer Achse angeordnet sind. Sie werden von einer Deckschuppe getragen. Auf der Oberseite der Samenschuppen liegen jeweils zwei freie Samenanlagen („nackt"). Nach der Bestäubung und Befruchtung verholzen die **Zapfen** (hängend oder aufrecht stehend).
Die **Samen** sind geflügelte Nüsschen, die lose auf verholzten Samenschuppen liegen. Bei Trockenheit spreizen sich diese Schuppen, sodass die Samen herausfallen können.

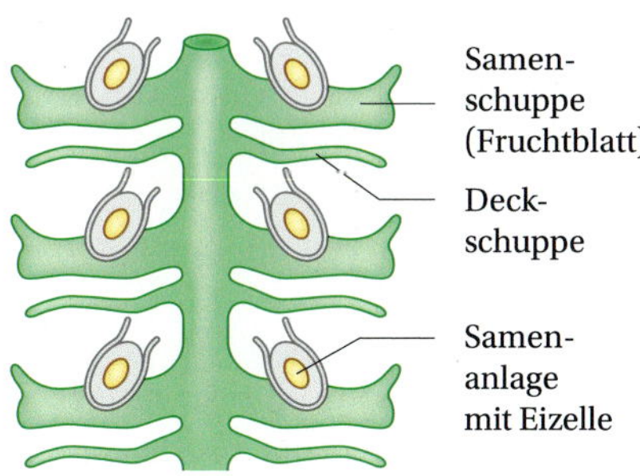

Einige Kieferngewächse

1 • Nadeln einzeln oder 2 bis 5 in gemeinsamer Scheide · · · · · · · · · ► 2

1* • Nadeln in Büschen zu 15 und mehr

Europäische Lärche
Nadeln hellgrün, weich, Bäume im Winter ohne Nadeln, Zapfen eiförmig, aufrecht stehend, Borke graubraun

2 • Nadeln einzeln · · · · · · · · · · · · · · · ► 3

2* • Nadeln 2 bis 5 in gemeinsamer Scheide · ► 8

3 • Nadel vierkantig und spitz
• Nadel am Grunde mit braunem Stielchen · ► 4

3* • Nadel flach
• Nadel ohne braune Stielchen, am Grunde scheibenartig verbreitert · · · · · · · · · · · · · · · · · · ► 5

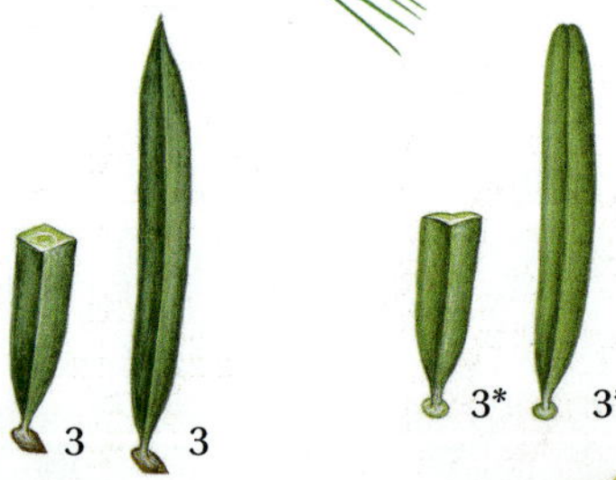

4 • Nadeln mattgrün, graugrün bis weißlich grün, spitz
• Nadeln stechend hart
• Nadeln allseitig am Zweig starr abstehend

Blau-Fichte oder **Stech-Fichte**
Zapfen schlank, bis 10 cm, hängend

4* • Nadeln grün
• Nadeln fest, aber biegsam
• Nadeln auf der Unterseite des Zweiges in 2 Reihen

Gemeine Fichte oder **Rotfichte**
Zapfen hängend, fallen als Ganzes ab, Baum verliert bei Trockenheit schnell die Nadeln, Borke rotbraun

5 • Nadeln länger als 4 cm, spitz
• Nadeln mattgrün bis grau

Grau-Tanne
Nadeln meist sichelförmig, aufwärts gebogen, zerrieben wohlriechend, Zapfen aufrecht, 8–14 cm, Borke rau und aschgrün

5* • Nadeln kleiner als 4 cm, an der Spitze rundlich oder eingekerbt
• Nadeln grün, untere Seite mit 2 weißen Streifen ············· ► 6

6 • Nadeln und Zweige harzig duftend
• Zapfen aufrecht ·············· ► 7

6* • Nadeln und Zweige fruchtig duftend (nach Apfelsine)
• Zapfen hängend mit 3-zipfligen Deckschuppen

Douglasie
Nadeln länger als 2 cm, weich und glänzend, undeutlich gescheitelt, Zapfen als Ganzes abfallend, Heimat westliches Nordamerika

7 • Borke weißlich grau, meist glatt
• Nadeln deutlich gescheitelt

Weiß-Tanne
Flache Nadeln an Spitze eingekerbt, Zapfen zerfällt in Schuppen, Zapfenspindel verbleibt am Zweig

7

7

7

7

7* • Borke dunkelgrün bis dunkelgrau
• Nadeln nicht deutlich gescheitelt

Nordmann-Tanne
Krone weit herabreichend, Heimat Kaukasus

7*

7*

8 • Nadeln zu zweit stehend
• Nadeln grün ·················· ▶ 9

8* • Nadeln zu fünft stehend
• Nadeln blaugrün

Weymouths-Kiefer
Zapfen hängend, sehr lang gestreckt, bis 15 cm, leicht gebogen, locker schuppig und sehr harzig, Nadeln dünn, weich, bis 14 cm, pinselartig gehäuft

8*

8*

9 • Nadeln 7–15 cm lang, steif
• Nadeln schwarzgrün mit auffallend gelber Spitze
• Zapfen breit kegelförmig, 5 - 8 cm lang, seitlich abstehend oder hängend

Schwarz-Kiefer
Borke schwarzbraun, tief rissig

9

9

9* • Nadeln 4 – 7 cm lang, gedreht oder gekrümmt
• Nadeln blau- oder graugrün ohne eine auffallend gelbe Spitze
• Zapfen klein, fast kugelig, 3 – 7 cm lang, hängend

Gemeine Kiefer oder
Wald-Kiefer (Föhre)
Borke braun, schuppenartig

9*

9*

Bestimmungsschlüssel der Gattung Fichte (Auswahl)

1 • Nadeln nicht deutlich vierkantig, ziemlich flach, aber zugespitzt
• Nadeln Oberseite dunkelgrün, glänzend, unterseits weiße Linien

Sitka-Fichte
Zapfen gedrungen, bis 8 cm

1

1

1

1* • Nadeln deutlich vierkantig und stechend spitz
• Nadeln ober- und unterseits gleichfarbig grünlich ·········· ▶ 2

2 • Nadeln stechend hart
• Nadeln allseitig am Zweig starr abstehend

Blau-Fichte oder **Stech-Fichte**
Zapfen schlank, bis 10 cm

2

2

2

2* • Nadeln fest, aber biegsam
• Nadeln auf der Unterseite des Zweiges in 2 Reihen

Gemeine Fichte oder **Rotfichte**
Zapfen länglich, bis 15 cm

2*

2*

2*

4.4 Familie Korbblütengewächse

Zu dieser Familie gehören etwa 20 000 Arten, die weltweit verbreitet sind. Die meisten Arten sind krautige Pflanzen oder Sträucher; Bäume sind selten.
Zu der Familie gehören viele **Zierpflanzen**, z. B. *Dahlien, Zinien, Studentenblumen, Astern, Chrysanthemen, Margeriten, Strohblumen*. Häufig angebaute **Kulturpflanzen** sind *Salat, Schwarzwurzel* und *Sonnenblume*.
Viele wild wachsende Korbblütengewächse werden zur Herstellung von Tee und Medikamenten verwendet, z. B. *Kamille, Wermut, Arnika, Huflattich*.
Geschützt sind z. B. die *Silberdistel, Arnika, Alpen-Aster*.
Die **Blüten** stehen als Röhren- und Zungenblüten in einem korbartigen Blütenstand. Die **Röhrenblüten** bestehen aus 5 Kronblättern, die zu einer Röhre verwachsen sind, aus 5 Staubblättern, 1 unterständigen Fruchtknoten mit Griffel und 2 Narben. Bei den **Zungenblüten** sind die 5 Kronblätter unregelmäßig verwachsen und zungenförmig nach einer Seite verlängert.
Die **Kelchblätter** sind oft zu einem Haarkranz umgebildet, der auch an den Früchten sitzt und der Verbreitung dient.

Sonnenblume

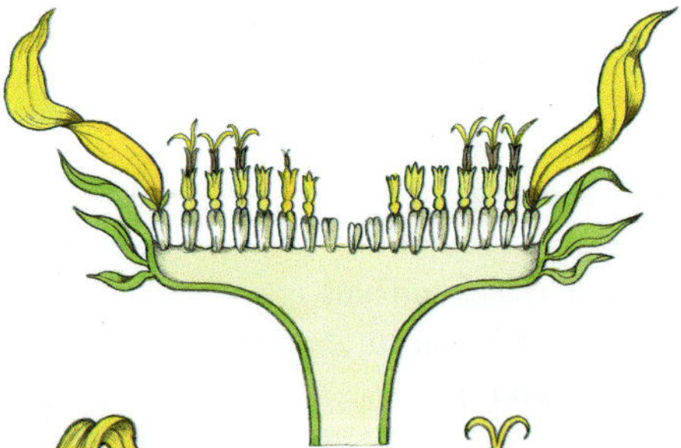

Zungenblüte mit Haarkranz

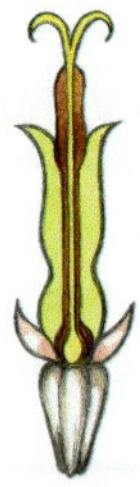

Rohrenblüte mit Haarkranz

Die Blüten im **Korb** sind entweder nur Zungenblüten oder nur Röhrenblüten, oder es kommen beide Blütenformen in einem Blütenkorb vor. Der Korb wird außen von Hüllblättern, manchmal zusätzlich von Außenhüllblättern umschlossen. Zwischen den einzelnen Blüten können auf dem **Blütenkorbboden** Spreublätter stehen.

Blütenstände

nur Röhrenblüten

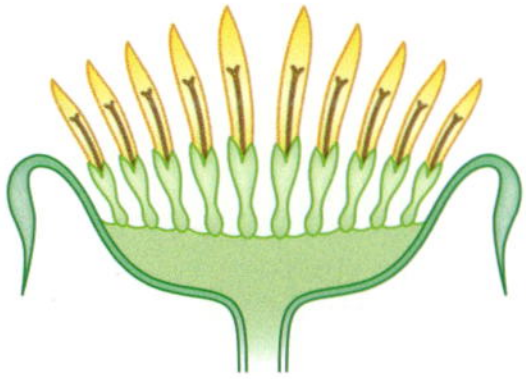

nur Zungenblüten

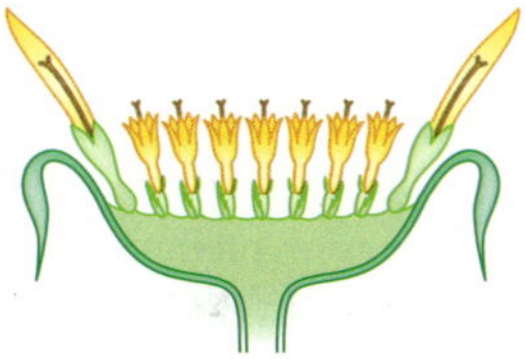

Röhren- und Zungenblüten

Die **Früchte** sind einsamige Nüsse. Bei ihnen sind Samenschale und Fruchtwand verwachsen. Es sind Schließfrüchte, ausgebildet in unterschiedlichen Formen.

Fruchtformen

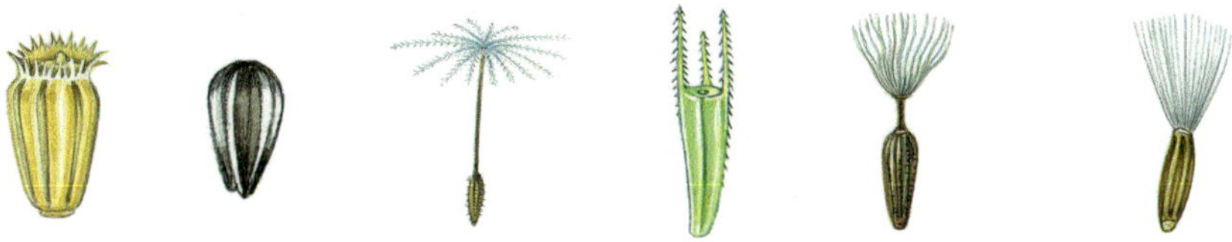

Für die Bestimmung der Korbblütengewächse werden 3 Bestimmungsschlüssel angegeben:
Blütenkorb enthält nur Zungenblüten – **Bestimmungsschlüssel A**
Blütenkorb enthält nur Röhrenblüten – **Bestimmungsschlüssel B**
Blütenkorb enthält Zungen- und Röhrenblüten – **Bestimmungsschlüssel C**

Bestimmungsschlüssel A

Blütenkörbe nur mit Zungenblüten

1 • Blüten blau oder violett ······· ► 2

1* • Blüten gelb oder orange ······· ► 3

2 • Fruchtknoten und Früchte mit Haarkranz
- Blüten blau bis violett
- Blätter fiederteilig, untere mit 3 Paar Seitenzipfeln und sehr großem dreieckigem Endzipfel

Alpen-Milchlattich
Pflanze mit Drüsenhaaren besetzt, Gebirgspflanze

2

2

2* • Fruchtknoten und Früchte ohne Haarkranz, aber mit kleiner gezähnter Krone
- Blüten himmelblau
- Untere Blätter buchtig-fiederspaltig, obere lanzettlich, stängelumfassend

Gemeine Wegwarte oder **Zichorie**
Stängel astartig, verzweigt, borstig behaart, Pflanze sperrig verzweigt, enthält MIlchsaft

2*

2*

3 • Fruchtknoten und Früchte mit gefiedertem Haarzkranz ······· ► 4

3* • Fruchtknoten und Früchte mit ungefiedertem Haarkranz ····· ► 5

3

3*

4 • Stängel ohne Blätter
- Blätter nur als grundständige Rosette, unregelmäßig gebuchtet

Löwenzahn
Blüten gelb, Blätter meist kahl, Stängel meist astartig verzweigt, Korbboden ohne Spreublätter, weißer Milchsaft
(Gattung mit 6 Arten)

4

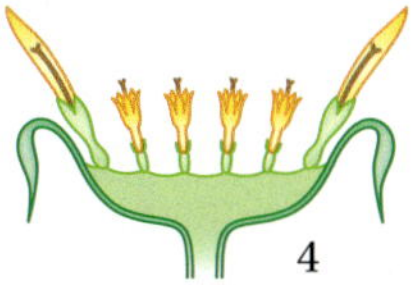
4

Herbst-Löwenzahn

4* • Stängel mit Blättern, vielköpfig
- Blätter ungeteilt, lanzettlich, ganzrandig

Wiesen-Bocksbart
Hüllblätter am Blütenkorb in einer Reihe, am Grunde verwachsen, Blüten hellgelb

4*

4*

5 • Haarkranz der Früchte gestielt ········· ► 6

5* • Haarkranz der Früchte ungestielt ········· ► 7

5

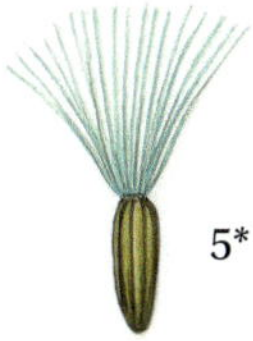
5*

6 • Stängel ohne Blätter, einköpfig
- Blätter nur als grundständige Rosette, verkehrt eiförmig, stark gelappt
- Körbe mit zahlreichen Blüten

Gemeine Kuhblume oder
Gemeiner Löwenzahn
Stängel hohl, Pflanze enthält weißen Milchsaft
(Gattung mit 5 Arten)

6

6

6

6* • Stängel mit Blättern, vielköpfig
• Blätter fiederspaltig mit eckigen Blattzipfeln und großem Endlappen
• Körbe mit 5 – 6 Blüten

Zarter Mauerlattich
Blätter am Grund pfeilförmig, stängelumfassend, Pflanze unbehaart

7 • Blätter stachelig gezähnt
• Früchte stark zusammengedrückt

Gänsedistel
Hüllblätter ei- oder kegelförmig (Gattung mit 4 Arten)

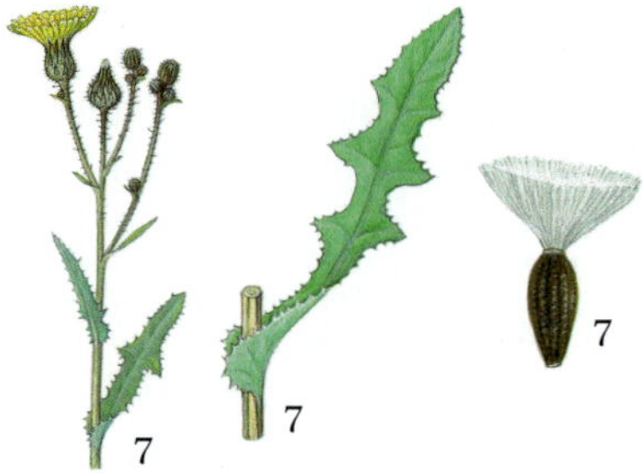

Acker-Gänsedistel

7* • Blätter nicht stachelig gezähnt
• Früchte nicht zusammengedrückt, im Querschnitt rundlich

Habichtskraut
Früchte oben abgestutzt, Haarkranz der Frucht schmutzig weiß und spröde (Früchte lassen sich leicht zu Pulver verreiben!), Hüllblätter dachziegelartig angeordnet
(Gattung mit 33 Arten)

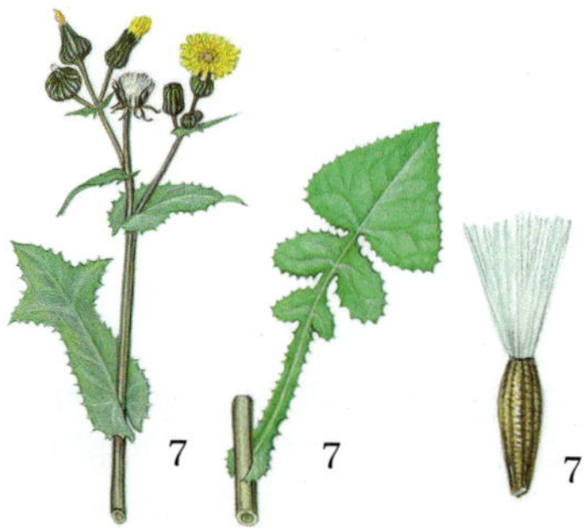

Kohl-Gänsedistel

Gemeines Habichtskraut

Bestimmungsschlüssel B

Blütenkörbe nur mit Röhrenblüten

1 • Pflanze distelartig stechend, mit Dornen an Blättern oder Blütenkörben ▶ 2

1* • Pflanze nicht distelartig stechend, ohne Dornen ▶ 4

2 • Blätter dornig
• Früchte mit Haarkranz ▶ 3

2* • Blätter nicht dornig, aber Hüllblätter in einen langen Dorn endend
• Früchte ohne Haarkranz

> **Sonnenwend-Flockenblume**
> Pflanze graufilzig, Blüten gelb

3 • Früchte mit gefiedertem Haarkranz

> **Kratzdistel**
> (Gattung mit 12 Arten)

3* • Früchte mit ungefiedertem Haarkranz

> **Distel**
> Blüten purpurn, Spreublätter zwischen den Blüten im Blütenkorb
> (Gattung mit 5 Arten)

4 • Blüten auffällig gefärbt, gelb, rot oder blau
• Blütenkörbe größer als 5 mm, mit vielen Blüten ▶ 5

Acker-Kratzdistel

Krause Distel

4* • Blüten unscheinbar gefärbt, grünlich, weißlich, gelblich
• Blütenkörbe kleiner als 5 mm, meist mit wenigen Blüten

Gemeiner Beifuß
Blätter fiederförmig geteilt

4*

4*

5 • Fruchtknoten und Früchte mit Haarkranz, zuweilen sehr kurz ······ ► 6

5* • Fruchtknoten und Früchte ohne Haarkranz ···················· ► 10

6 • Pflanze zur Blütezeit mit grünen Blättern ······················ ► 7

6* • Pflanze zur Blütezeit ohne grüne Blätter

Pestwurz
Stängel mit kleinen Schuppen besetzt
(Gattung mit 4 Arten)

6*

Rote Pestwurz

6*

7 • Blüten gelb ··················· ► 8

7* • Blüten rot, rosa oder violett ···· ► 9

8 • Blätter geteilt
• Hüllblätter in einer Reihe, am Grunde der Hülle etwa 10 schwarzspitzige kurze Außenhüllblätter

Gemeines Greiskraut oder **Gemeines Kreuzkraut**
Blätter meist unbehaart

8

8

8* • Blätter ungeteilt
• Hüllblätter dachziegelartig angeordnet

Sand-Strohblume
Hüllblätter bei Trockenheit gelb oder orange, strohartig, **geschützt!**

9 • Blütenkörbe klettenartig
• Hüllblätter an den Spitzen hakenförmig gekrümmt

Klette
Blüten purpurn
(Gattung mit 4 Arten)

Große Klette

9* • Blütenkörbe nicht klettenartig
• Hüllblätter ohne hakenförmige Spitzen

Schwarze Flockenblume
Alle Blüten im Blütenkorb etwa gleich groß, Haarkranz der Früchte sehr klein, kaum 1 mm lang

10 • Blätter gegenständig
• Früchte mit 2 – 4 widerhakigen Borsten

Dreiteiliger Zweizahn
Blütenkörbchen aufrecht stehend, Blüten gelbbraun, Stängel oben oft braunrot

10* • Blätter wechselständig
• Früchte ohne Borsten · · · · · · · · · ► 11

11 • Blüten purpurrot
• Randblüten der Körbe größer als die übrigen Blüten

Wiesen-Flockenblume
Blütenkörbe einzeln, äußere Hüllblätter mit großen bräunlichen Anhängseln, ganzrandig oder zerschlitzt, Blätter ungeteilt, lanzettlich

11

11

11

11

11* • Blüten gelb
• Alle Blüten der Körbe etwa gleich groß · · · · · · · · · · · · · · · · · · · ► 12

12 • Blütenkörbe einzeln
• Blüten gelb oder grünlich gelb

Strahlenlose Kamille
Blütenstandsboden stark gewölbt, hohl, Blätter 2- bis 3-fach fiederspaltig mit linealischen Zipfeln, Stängel verzweigt, Pflanze stark nach Kamille duftend

12

12* • Blütenkörbe in schirmartigen Blütenständen
• Blüten goldgelb

Gemeiner Rainfarn
Alle Röhrenblüten im Blütenkorb gleich groß, sehr eng stehend, Blätter fiederteilig mit ungleich gesägten Fiederblättchen, Stängel kantig und hohl

12*

12*

Bestimmungsschlüssel C

Blütenkörbe mit Zungen- und Röhrenblüten

1 • Pflanze zur Blütezeit meist ohne grüne Blätter

Gemeiner Huflattich
Blätter erscheinen erst nach der Blüte, Stängel fleischig, besetzt mit rötlichen, filzigen Schuppenblättern, Stängel mit 1 Blütenkorb, Blüten goldgelb, Blätter grundständig, herzförmig, gezähnt, Unterseite weißfilzig behaart

1

1

1* • Pflanze zur Blütezeit mit grünen Blättern · ► 2

2 • Blätter nur als grundständige Rosette, spatelförmig

Ausdauerndes Gänseblümchen
Zungenblüten weiß bis rötlich, Röhrenblüten gelb, Stängel des Blütekorbes ohne Blätter

2

2* • Blätter am Stängel verteilt · ► 3

3 • Blätter am Stängel gegenständig · · · · · · · · · · · · · · · · · ► 4

3* • Blätter am Stängel wechselständig · · · · · · · · · · · · · · · ► 6

4 • Zungenblüten weiß, meist 5 Zungenblüten
• Blütenköpfe 3 – 5 mm breit

Knopfkraut oder **Franzosenkraut**
(Gattung mit 2 Arten)

4

Kleinblütiges Knopfkraut

4* • Zungenblüten gelb
• Blütenkörbe 10 – 60 mm breit ·· ► 5

5 • Früchte mit Haarkranz
• Blätter ganzrandig

Arnika
Stängel unverzweigt mit 1 – 3 Blütenkörben, untere Blätter in grundständiger Rosette, obere Blätter gegenständig

5

5

5* • Früchte mit widerhakigen Borsten
• Blätter gesägt

Nickender Zweizahn
Körbchen nickend, Blüten gelblich, Zungenblüten können fehlen

5*

5*

6 • Zungenblüten schmutzig weiß, sehr schmal, oft umgerollt

Kanadisches Berufkraut
Blütenkörbe 3–5 mm breit in sehr reichhaltiger Rispe

6

6

6* • Zungenblüten gelb oder deutlich weißlich ·············· ► 7

7 • Kelche der Röhrenblüten zu einem Haarkranz umgebildet

Wald-Greiskraut oder
Wald-Kreuzkraut
Hüllblätter in einer Reihe, mit kürzeren Außenhüllblättern, Zungenblütten gelb, Pflanze spinnwebig, weißhaarig

7

7

7* • Kelche der Röhrenblüten zu Schuppen umgebildet oder fehlend ▸ 8

8 • Zungenblüten weiß ▸ 9

8* • Zungenblüten gelb ▸ 12

9 • Blütenkorbboden mit Spreublättern (Lupe!) ▸ 10

9* • Blütenkorbboden ohne Spreublätter (Lupe!) ▸ 11

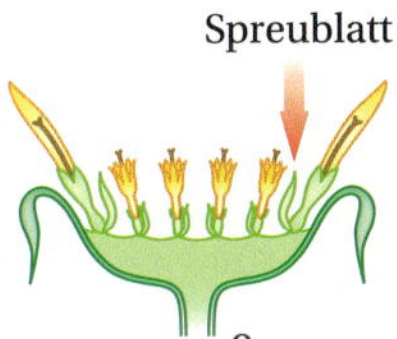

9

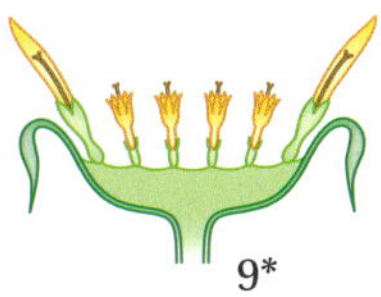

9*

10 • Blütenkörbe 2 – 4 mm breit
• Röhrenblüten weißlich oder bräunlich weiß, rötlich
• weniger als 10 Zungenblüten, rundlich, kurz, weiß
• Blütenkörbe in schirmförmigen Rispen

Gemeine Schafgarbe
Blätter am Stängelgrund 20 – 40 mm breit, oben 10 – 20 mm breit, Blätter lineal-lanzettlich, fliederteilig, Zungenblüten kurz, rundlich

10

10

10* • Blütenkörbe über 5 mm breit
- Röhrenblüten gelb
- mehr als 10 Zungenblüten, länglich, meist weiß
- Blütenkörbe nicht in schirmförmigen Rispen, sondern einzeln an langen Ästen

Hundskamille
(Gattung mit 6 Arten)

10*

Acker-Hundskamille

11 • Blätter 2- bis 3-fach fiederteilig, Blattzipfel fadenförmig

Echte Kamille
Zungenblüten weiß, Röhrenblüten gelb, Blütenkorb lang gestielt, Korbboden hohl, schmal kegelförmig, Pflanze würzig riechend

11

11

11* • Blätter ungeteilt, gezähnt

Weiße Wucherblume oder **Wiesen-Margerite**
Zungenblüten weiß, Röhrenblüten gelb, obere Stängelblätter viel kleiner als die unteren

11*

11*

11*

12 • Blätter doppelt fiederteilig

Färber-Hundskamille
Zungen- und Röhrenblüten gelb, Fiederblättchen kammförmig fiederspaltig

12

12

12* • Blätter grob gesägt bis fiederspaltig

Saat-Wucherblume
Zungen- und Röhrenblüten leuchtend gelb, Blütenkörbe einzeln, lang gestielt

12*

Bestimmungsschlüssel der Gattungen Kamille und Strandkamille (Auswahl)

1 • Blütenkorb mit weißen Zungenblüten und gelben Röhrenblüten
• Blütenkörbe lang gestielt ······ ► 2

1* • Blütenkorb nur mit gelbgrünen Röhrenblüten, Zungenblüten fehlen
• Blütenkörbe kurz gestielt

Strahlenlose Kamille
Blätter zweifach fiederspaltig mit linearen Blattzipfeln, nach Kamille riechend

1*

2 • Blütenstandsboden hohl
• Blätter 2-fach fiederspaltig mit flachen linearen Blattzipfeln
• Pflanze nach Kamille riechend

Echte Kamille
Stängel oberseits stark verzweigt

2

2

2* • Blütenstandsboden mit Mark
• Blätter 2-fach fiederspaltig mit fadenförmigen Blattzipfeln
• Pflanze nicht nach Kamille riechend

Geruchlose Strandkamille
Stängel nur oberseits verzweigt

2*

4.5 Familie Kreuzblütengewächse

Diese Pflanzenfamilie umfasst etwa 13 000 Arten. Sie sind vor allem in den außertropischen Gebieten der Nordhalbkugel verbreitet. Die Vertreter sind meistens einjährige oder ausdauernde Kräuter.
Viele von ihnen haben als Futter-, Gemüse-, Gewürz-, Öl- oder Zierpflanzen große Bedeutung. Beispiele für **Gemüse-** und **Futterpflanzen** sind die verschiedenen Formen des Kohls (*Weiß-, Wirsing-, Rot-, Rosen-, Grün-, Blumenkohl*), die *Weiße Rübe*, der *Rettich*, das *Radieschen*. Für **Öl- und Gewürzpflanzen** sind *Raps, Rübsen, Schwarzer* und *Weißer Senf, Meerrettich* bekannte Vertreter.
Bekannte **Zierpflanzen** sind *Goldlack, Levkoje, Schleifenblume, Blaukissen, Nachtviole.*
Die **Blätter** sind wechselständig angeordnet. Sie besitzen keine Nebenblätter. Die Blätter können ungeteilt, leierförmig oder gefiedert sein. Die Blattformen sind insgesamt sehr variabel. Grundständige Blätter bilden oftmals eine Rosette.

Blattformen

fiederspaltig

ungeteilt, stängelumfassend

Rosette bildend

Bauernsenf

unpaarig gefiedert

leierförmig

Die Kreuzblütengewächse besitzen strahlige **Blüten** mit 4 Kelch- und 4 Kronblättern, 6 Staubblättern (2 kurze, 4 lange), die kreuzweise angeordnet sind, sowie 1 oberständigen Fruchtknoten, der aus 2 Fruchtblättern gebildet wird (Kreuzblüte). Der **Blütenstand** ist meistens eine Traube. Da die Blüten sich nach und nach entfalten und die Früchte nacheinander heranreifen, sind in einem Blütenstand gleichzeitig Blüten und Früchte vorhanden.

Blüte vom Acker-Senf

Blütenstand vom Goldlack

Die **Frucht** ist meistens eine *Schote* oder ein *Schötchen*. Ist die Länge der rundlichen Frucht kürzer als dreimal ihre Breite, ist sie ein Schötchen. Ist die Frucht länger als dreimal ihre Breite, ist sie eine Schote. Die Frucht besitzt in der Mitte eine dünne Scheidewand, an der sich die Samen entwickeln.

Fruchtformen

Schötchen geflügelt

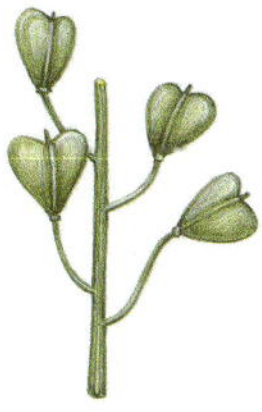

Schötchen ungeflügelt

Schote geschnäbelt

Schote ungeschnäbelt

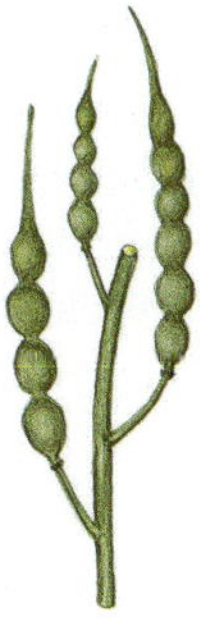

Gliederschote

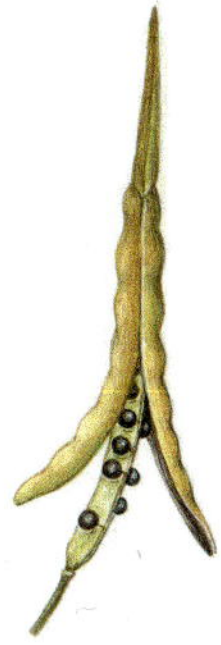

offene Schote

Einige Kreuzblütengewächse

1 • Frucht weniger als 3-mal so lang wie breit (Schötchen) ············ ► 2

1* • Frucht mehr als 3-mal so lang wie breit (Schote)················ ► 8

2 • Kronblätter weiß, verschieden groß, die 2 äußeren sehr groß
• Schötchen löffelförmig gebogen, schmal geflügelt

Bauernsenf
Blätter in grundständiger Rosette, fiederspaltig, Stängel höchstens 1- bis 2-blättrig, Blüten klein

2

2

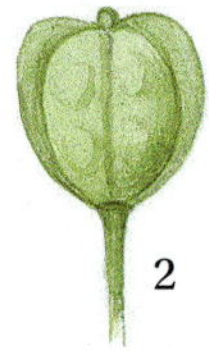

2

2* • Kronblätter weiß oder andersfarbig, gleich groß
• Schötchen nicht löffelförmig gebogen, nicht geflügelt··········· ► 3

3 • Kronblätter violett

Griechisches Blaukissen
Blätter sitzend, meist behaart, Schötchen kleiner als 1 cm, nicht geflügelt, Pflanze kleiner als 20 cm, Zierpflanze

3

3

3* • Kronblätter gelb, gelblich weiß oder weiß ···················· ► 4

4 • Kronblätter weiß············· ► 5

4* • Kronblätter gelb oder gelblich weiß

Sumpfkresse
Schötchen kugelig bis länglich, vielsamig, untere Blätter fiederspaltig oder gefiedert
(Gattung mit 6 Arten)

4*

4*

4*

Gemeine Sumpfkresse

5 • Kronblätter bis zur Mitte gespalten, 2-lappig
• Stängel blattlos

Frühlings-Hungerblümchen
Blätter lanzettlich, als grundständige Rosette, Pflanze kleiner als 15 cm

5

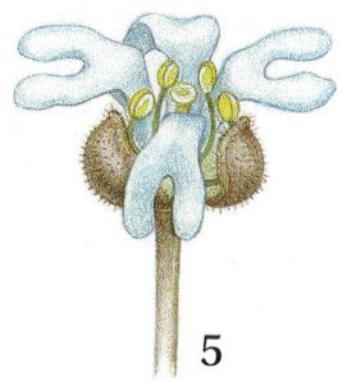
5

5* • Kronblätter ungespalten
• Stängel mit Blättern ··········· ► 6

6 • Schötchen dreieckig bis verkehrt herzförmig, ungeflügelt

Gemeines Hirtentäschel
Grundblätter kurz gestielt, Rosette bildend, ungeteilt bis fiederspaltig, obere Blätter stängelumfassend

6

6

6* • Schötchen rundlich-eiförmig ·· ► 7

7 • Schötchen fast flach, deutlich geflügelt, Flügel oben tief eingeschnitten, vielsamig

Acker-Hellerkraut
Stängel kantig, Blätter sitzend, länglich, beim Zerreiben schwacher Lauchgeruch

7

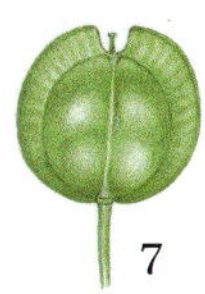
7

7* • Schötchen flach, kaum oder nur an der Spitze geflügelt, mit 2 Samen

Kresse
obere Blätter mit herzförmigem Grund stängelumfassend, ganzrandig, untere Blätter meist 2- bis 3-fach fiederteilig, mit schmalen Zipfeln, Pflanze stark riechend
(Gattung mit 10 Arten)

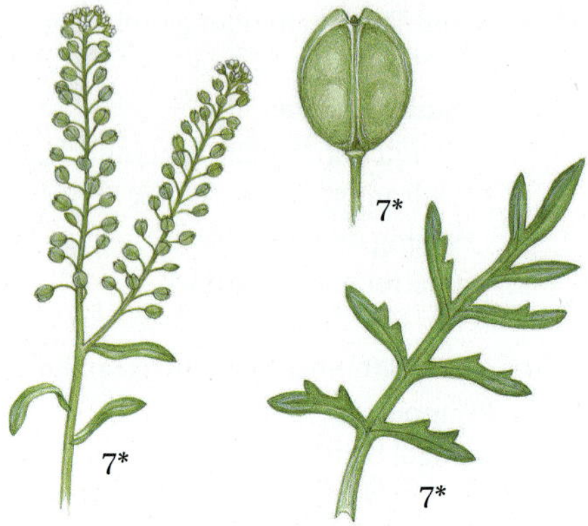

Schutt-Kresse

8 • Blätter alle ungeteilt, gestielt oder sitzend · · · · · · · · · · · · · · · · · ► 9

8* • Blätter mehr oder weniger geteilt · ► 10

9 • Kronblätter goldgelb bis braun und stark angenehm duftend
• Narben geteilt, zweilappig, Narbenlappen zurückgekrümmt
• Pflanze graufilzig

Goldlack oder **Gold-Lack**
Blätter lanzettlich, spitz, ganzrandig, Schoten länglich, glatt, Zierpflanze

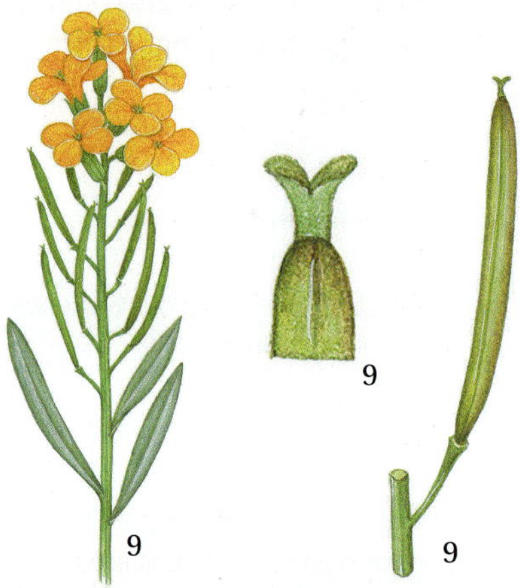

9* • Kronblätter rot bis rotviolett, wohlriechend
• Narben geteilt, 2-lappig aneinanderliegend, flach
• Pflanze grün

Gemeine Nachtviole
Blätter eiförmig bis lanzettlich, gezähnt, Schoten etwas eingeschnürt, Zierpflanze

10 • Kronblätter rot, violett oder weiß · ► 11

10* • Kronblätter gelb oder gelblich weiß · ► 13

11 • Blätter nicht aus getrennten Blättchen, ungeteilt oder fiederteilig zusammengesetzt, dickfleischig und unbehaart

Europäischer Meersenf
Kronblätter hellviolett, selten weiß, Schoten zweigliedrig, Strandpflanze

11* • Blätter meist aus völlig getrennten Blättchen zusammengesetzt, gefiedert oder gefingert · · · · · · · ► 12

12 • Schoten mit verlängertem Schnabel
• Blattachseln mit kleinen, bräunlich violetten Zwiebeln (Brutknospen)

Zwiebel-Zahnwurz
Blätter 3- bis 5-paarig gefiedert, wechselständig, Blüten hellviolett, rosa oder weiß

12* • Schoten sehr kurz geschnäbelt
• Blattachseln immer ohne Zwiebeln (Brutknospen)

Schaumkraut (↗ S. 71)
Blätter meist unpaarig gefiedert, Blüten helllila bis weiß (Gattung mit 9 Arten)

11

11

12

12

12*

12*

12*

12*

12*

12*

Wiesen-Schaumkraut

13 • Blätter mehr oder weniger stängelumfassend, sitzend

Raps
Blätter blaugrün, Wurzel- und Stängelgrund nicht verdickt, Kelchblätter abstehend, Blüten gelb, Ölpflanze

13* • Blätter meist gestielt .... ► 14

14 • Kelchblätter aufrecht, dicht anliegend
• Schote stark gegliedert, perlschnurartig geschnürt (Gliederschote), geschnäbelt
• Kronblätter hellgelb oder weiß mit violetten Adern

Hederich oder **Acker-Rettich**
Untere Blätter leierförmig, grasgrün, behaart

14* • Kelchblätter waagerecht abstehend
• Schote kaum eingeschnürt, geschnäbelt
• Kronblätter schwefelgelb

Acker-Senf
Untere Blätter leierförmig, blaugrün, glatt

13

14

14

14*

14*

14*

Bestimmungsschlüssel für die Gattung Schaumkraut (Auswahl)

1 • Kronblätter rundlich bis eiförmig, größer als 1 cm ausgebreitet ··· ► 2

1* • Kronblätter länglich, kleiner als 1 cm, aufrecht, manchmal fehlend··· ► 3

2 • Stängel rund und hohl
• Staubblätter gelb
• Kronblätter blasslila oder weiß

Wiesen-Schaumkraut
Blätter unpaarig gefiedert, grundständige Blätter als Rosette angeordnet

2* • Stängel kantig und mit Mark ausgefüllt
• Staubblätter violett
• Kronblätter weiß

Bitteres Schaumkraut
Blätter unpaarig gefiedert, Fiederblättchen eiförmig, zerstreut behaart, Stängel treiben aus niederliegenden Ausläufern aus

3 • Blattstiele am Grunde mit pfeilförmigen Öhrchen

Spring-Schaumkraut
Blätter unpaarig gefiedert, Stängel kantig, mit Mark ausgefüllt, Kronblätter weiß, oft fehlend, Schote springt nach Berührung auf

3* • Blattstiele am Grunde ohne Öhrchen ► 4

4 • Stängel mehr oder weniger behaart
• Fiederblättchen eiförmig ► 5

4* • Stängel kahl
• Fiederblättchen länglich

Kleinblütiges Schaumkraut
Kronblätter weiß, Pflanze kahl, ohne Blattrosette, Pflanze bis zum Stängelgrund beblättert

5 • Blüten mit meist 4 Staubblättern
• Stängel wenig behaart, mit 2 – 4 Blättern
• Stängel meist gerade, aufrecht

Viermänniges Schaumkraut oder **Rauhaariges Schaumkraut**
Kronblätter weiß, grundständige Blätter bilden Rosette, Fieder der Rosettenblätter rundlich

5* • Blüten mit meist 6 Staubblättern
• Stängel dicht behaart, mit 4 – 10 Blättern
• Stängel meist hin und her gebogen

Wald-Schaumkraut
Kronblätter weiß, grundständige Blätter rosettig angeordnet, Fiederblätter rundlich, Endfieder deutlich größer

4*

4*

5

5

5

5*

5*

5*

Bestimmungsschlüssel für die Gattung Schleifenblume

1 • Einjährige Kräuter .... ► 2

1* • Ausdauernde, immergrüne Pflanze

> **Immergrüne Schleifenblume**
> Halbstrauch, untere Stängel verholzt, Blütenstand doldenförmige Traube, Blüte weiß, Blätter länglich, abgerundet, derb, glänzend, Schötchen geflügelt und geschnäbelt, Zierpflanze, 15 – 30 cm

2 • Blüten rosa bis purpurn
• Blätter lanzettlich, zugespitzt, ganzrandig .... ► 3

2* • Blüten weiß, selten hellviolett
• Blätter länglich, am Ende beiderseits 2- bis 3-zähnig

> **Bittere Schleifenblume**
> Blütenstand lockere Traube, Schötchen rund, Zierpflanze 10 – 30 cm

3 • Blüten hellpurpurn
• Schötchen ganz geflügelt

> **Doldige Schleifenblume**
> Zierpflanze, 15 – 40 cm

3* • Blüten blasslila, selten weiß
• Schötchen am Grunde ungeflügelt

> **Mittlere Schleifenblume**
> 30 – 60 cm

4.6 Familie Liliengewächse

Zu dieser artenreichen Familie (insgesamt 3 500 Arten) gehören **Zierpflanzen**, die in vielen Gärten und Anlagen anzutreffen sind (z. B. *Tulpe, Traubenhyazinthe*). Bekannt sind auch *Maiglöckchen* und *Schattenblume*, die man viel in Wäldern findet. *Küchenzwiebel, Schnittlauch* und *Spargel* sind häufig angebaute **Nutzpflanzen**. Die Familie gehört zu den **einkeimblättrigen Pflanzen.**

Unter **Naturschutz** stehen u. a.: *Echte Schachblume, Wilde Tulpe, Zwerg-Hyazinthe, Feuer-Lilie, Weinbergs-Traubenhyazinthe.*

Die meisten Liliengewächse sind **mehrjährige Pflanzen**, die eine Zwiebel, Wurzelknollen oder einen Wurzelstock (Rhizom, Erdspross) zur Stoffspeicherung und ungeschlechtlichen Fortpflanzung ausbilden. Mithilfe ihrer unterirdischen Organe überdauern sie die Wintermonate. Deshalb gehören zu dieser Familie viele Frühblüher, z. B. *Blaustern, Hyazinthe, Tulpe.*

Unterirdische Organe

Zweiblättrige Schattenblume

Zwiebeln

Wurzelknollen

Wurzelstöcke (Erdsprosse, Rhizome)

Die ungeteilten **Blätter** sind meist schmal länglich und ganzrandig. Sie haben parallel verlaufende Blattnerven (Einkeimblättrige Pflanzen!).

Blattformen

Die zwittrigen **Blüten** sind strahlig gebaut. Sie bestehen aus 3 Kelchblättern und 3 Kronblättern, die sich aber in Form und Farbe gleichen, 6 Staubblättern (selten 4, 8 oder 10) und 1 großen oberständigen Fruchtknoten, der 3 Fächer besitzt. Er ist aus 3 Fruchtblättern aufgebaut.
Die 6 gleich gestalteten Blütenblätter können frei oder verwachsen sein. Sie sind meist auffällig gefärbt und sind in 2 Kreisen zu je 3 Blütenblätter angeordnet. Die Form der Blüten kann verschieden sein.
Oftmals stehen die Blüten in einem **Blütenstand** (z. B. Traube, Rispe, Dolde) zusammen. Einzelblüten (z. B. *Tulpe*) sind immer endständig.
Der Fruchtknoten entwickelt sich zu einer **Kapsel** oder **Beere**.

Blütenformen

Fruchtformen

Einige Liliengewächse

1 • Pflanze mit haarfeinen, nadelförmigen, grünen Trieben in den Blattachseln
• Blätter schuppenförmig

Gemüse-Spargel
Blüte glockig, grünlich gelb,
Frucht rote Beere, Kulturpflanze

1

1

1

1* • Pflanze ohne haarfeine, nadelförmige grüne Triebe in den Blattachseln
• Blätter nicht schuppenförmig, Blattfläche deutlich ausgebildet ···· ► 2

2 • Stängel mit 2 wechselständigen herzförmigen Blättern

Zweiblättrige Schattenblume
Blüten in Trauben, klein, weiß,
Frucht rote Beeren, Pflanze **giftig**

2

2

2* • Stängel und Blätter anders gestaltet ····················· ► 3

3

3 • Kronblätter verwachsen ······· ► 4

3* • Kronblätter frei, nicht verwachsen ············· ► 8

3*

4 • Blüten blau

Traubenhyazinthe
Blüten glockenförmig, in dichten Trauben, Pflanze **geschützt**
(Gattung mit 4 Arten)

4 *Weinbergs-Traubenhyazinthe*

4* • Blüten weiß oder gelblich ····· ► 5

5 • Stängel mit vielen Blättern
• Blüten gelblich weiß, einzeln oder zu mehreren in den Blattachseln · · ► 6

5* • Stängel mit 1–3 Blättern
• Blüten weiß, in Trauben, duftend

Maiglöckchen
Früchte rote Beeren, meist 2 Blätter, Pflanze **giftig, geschützt**

6 • Blätter quirlständig, 3–6 Blätter
• Blätter schmal-lanzettlich
• Stängel aufrecht

Quirl-Weißwurz
Früchte blauschwarze Beeren, Blüten zu mehreren in den Blattachseln

6* • Blätter wechselständig
• Blätter eiförmig bis elliptisch
• Stängel bogig überhängend · · · · ► 7

7 • Stängel unten kantig
• 1–2 Blüten in Blattachsel
• Früchte violette Beeren
• Blüten gelblich weiß, duftend

Duftende Weißwurz oder **Salomonssiegel**

7* • Stängel stielrund
• 3–5 Blüten in Blattachsel
• Früchte dunkelblaue Beeren
• Blüten gelblich weiß, geruchlos

Vielblütige Weißwurz

5*

5*

6

6

7

7

7

7

7*

7*

7*

8 • Stängel mit einer Blüte am Ende des Stängels
• Blätter breit linealisch, flach
• Kelch- und Kronblätter schmal und spitz, Blüten gelb

Wilde Tulpe
bei Zierpflanzen Blüten in verschiedenen Farben, Blütenblätter breiter und stumpf

8* • Stängel mit mehreren Blüten
• Blätter anders gestaltet, meist schmal länglich
• Kelch- und Kronblätter anders gestaltet, Blüten gelb oder andersfarbig 9

9 • Blüten feuerrot mit braunen Flecken

Feuer-Lilie
Blüten aufrecht, Blätter wechselständig, in den Blattachseln oft Brutzwiebeln
geschützt

9* • Blüten rosa, blau, gelb oder weiß .... ► 10

10 • Pflanze mit Zwiebelgeruch

Lauch
Blüten rosa oder weiß, vielblütiger, kugelförmiger Blütenstand, z. B. Knoblauch, Poree, Schnittlauch, Zwiebel, Bären-Lauch, Gemüse-Lauch (Gattung mit 20 Arten)

10* • Pflanze ohne Zwiebelgeruch ··· ► 11

8

8

8
Gartentulpe

8
Wilde Tulpe

9

9

9

10
Bären-Lauch

10
Schnittlauch

11 • Blüten gelb

Goldstern
Blüten außen mit grünlichem Rückenstreifen, meist zu 2 – 5, Grundblätter 1–2, linealisch (Gattung mit 6 Arten)

11* • Blüten blau oder weiß ········· ► 12

12 • Blüten blau, selten weiß

Blaustern oder **Scilla**
Pflanze mit schmalen grundständigen Blättern (Gattung mit 4 Arten)

12* • Blüten weiß ················· ► 13

13 • Kronblätter der Blüte oberseits weiß, unterseits grün oder mit grünem Mittelstreifen
• Blätter mit weißem Mittelstreifen

Milchstern
Grundblätter linealisch, Frucht eine Kapsel, ganze Pflanze **giftig**
(Gattung mit 4 Arten)

13* • Kronblätter auf beiden Seiten weiß
• Blätter ohne weißen Mittelstreifen

Graslilie
Grundblätter schmal, länglich, Pflanze mit Wurzelstock
(Gattung mit 2 Arten)

11

11

Wald-Goldstern

12

Sibirischer Blaustern

13

13

13

Dolden-Milchstern

13*

Astlose Graslilie

4.7 Familie Lippenblütengewächse

Zu dieser Familie gehören etwa 3000 Arten, vorwiegend krautige Pflanzen und Sträucher. Sie sind besonders in trockenwarmen Gebieten wie dem Mittelmeerraum beheimatet.

Der Gehalt an ätherischen Ölen (in Drüsen) bedingt die Verwendung mehrerer Arten als Küchenkräuter, Heilpflanzen und Duftpflanzen. **Küchenkräuter** oder **Gewürzpflanzen** sind beispielsweise *Majoran* und *Bohnenkraut*, aber auch *Rosmarin* und *Zitronenmelisse*. Zu den **Heilpflanzen** dieser Familie gehören u. a. *Melisse, Thymian, Salbei, Minze, Rosmarin, Basilikum*. Tee aus *Pfefferminze* beruhigt beispielsweise einen nervösen Magen, Thymiantee mildert starken Husten und *Salbei* wirkt bakterien- und entzündungshemmend. **Duftpflanzen** sind u. a. *Lavendel* und *Rosmarin*. Sie werden in der Kosmetikindustrie verwendet.

Zu erkennen sind die Lippenblütengewächse an grundlegenden Merkmalen.

Sie besitzen deutlich 4-kantige **Sprossachsen (Stängel** oder **Zweige)**. Die **Blätter** sind gekreuzt gegenständig angeordnet.

Stängel **Stängel mit Blättern**

Heide-Günsel

Die *Blüten* der Lippenblütengewächse sind zweiseitig-symmetrisch. Sie besitzen 5 Kelchblätter, 5 Kronblätter und meistens 4 Staubblätter.
Die 5 *Kelchblätter* sind miteinander verwachsen und bilden 5 Zipfel aus, die meistens radiär angeordnet sind. Sie können aber auch lippig sein, d. h., 3 Zipfel bzw. 2 Zipfel bilden eine Lippe.
Die 5 *Kronblätter* sind im unteren Teil ebenfalls verwachsen. Die 2 oberen Kronblätter bilden die Oberlippe, die 3 unteren die Unterlippe (Lippenblüte).
Meist sind 4 *Staubblätter* (2 längere, 2 kürzere) vorhanden.
Der *Fruchtknoten* ist oberständig und aus 2 Fruchtblättern aufgebaut.
Die Einzelblüten stehen meistens dicht in Scheinquirlen zusammen.
Der vierteilige Fruchtknoten entwickelt sich zur **Frucht**, die aus 4 einsamigen Teilfrüchten, den Nüsschen, besteht.

Blütenformen

Fruchtknoten

Blütenstände

Einige Lippenblütengewächse

1 • Krone scheinbar einlippig, Unterlippe mit 3 Lappen ▸ 2

1* • Krone deutlich zweilappig (Ober- und Unterlippe) ▸ 3

2
- Pflanze mit oberirdischen Ausläufern
- Stängel und Blätter fast kahl oder kurzhaarig
- Kronblätter rötlich oder bläulich, selten weiß
- Grundständige Blätter ungeteilt, groß, spatelförmig

Kriech-Günsel
Blüten zu 5–12 in Scheinquirlen

2*
- Pflanze ohne oberirdische Ausläufer
- Stängel und Blätter dicht behaart
- Kronblätter dunkelblau
- Grundständige Blätter länglich elliptisch

Heide-Günsel
Blüten 5–12 in Scheinquirlen

3 • Blüten mit 2 Staubblättern ▸ 4

3* • Blüten mit 4 Staubblättern (2 längere, 2 kürzere) ▸ 5

4
- Stängel am Grunde holzig
- Blätter lanzettlich, schwach gekerbt, stängelständig
- Blüten hellviolett, in Scheinquirlen

Echter Salbei

1

1*

2

2

2

2*

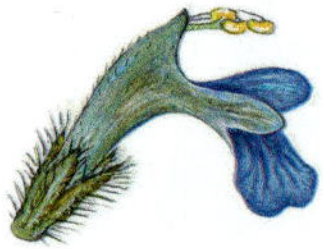
2*

2*

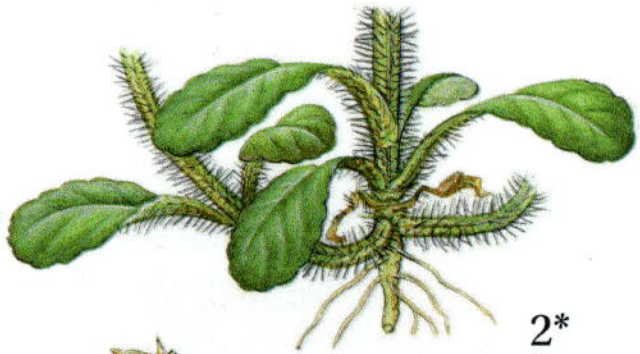
2*

4

4

4* • Stängel am Grunde krautig
• Blätter eiförmig zugespitzt, größtenteils grundständig
• Blüten dunkelblau, selten rosa oder weiß, in Scheinquirlen

Wiesen-Salbei
Blätter, Stängel borstig behaart

4*

4*

5 • Oberlippe der Blütenkrone flach ········· ► 6

5* • Oberlippe der Blütenkrone helmartig gewölbt ········· ► 7

5

5*

6 • Staubblätter unter der Oberlippe herausragend
• Kelch deutlich zweilippig
• Blätter elliptisch bis rundlich, kleiner als 1 cm
• Blüten hell- bis purpurrot, selten weiß

Thymian
Oberer Teil des Stängels meist vierkantig, Stängel aufrecht oder niederliegend, oft wurzelnd, Blütenstände kopfförmig oder ährenähnlich
(Gattung mit 5 Arten)

6

6

Sand-Thymian oder *Quendel*

6* • Staubblätter nicht unter der Oberlippe herausragend
• Kelchblätter gleichmäßig 5-zähnig
• Blätter nierenförmig, gekerbt, größer als 1 cm
• Blüten blauviolett

Gundermann
Stängel kriechend, unter den Knoten wurzelnd

6*

6*

6*

7 • Kelch zweilippig, oberer Kelchteil mit 3 Zähnen, unterer Kelchteil mit 2 Zähnen
- Blüten klein, blauviolett, rötlich oder gelblich weiß

Braunelle
(Gattung mit 3 Arten)

7* • Kelch gleichmäßig 5-zähnig (strahlig)
- Blüten größer als 1 cm· · · · · · · · · ► 8

8 • Seitenzipfel der Unterlippe der Krone spitz, klein oder fehlend
- Unterlippe der Krone ohne Höcker

Taubnessel (↗ S. 85)
Kronblätter rot, weiß, gelb, 1,5 – 3 cm
(Gattung mit 6 Arten)

8* • Seitenzipfel der Unterlippe der Krone stumpf und breit
- Unterlippe der Krone mit 2 Höckern

Hohlzahn
Kronblätter gelb, hellpurpurn, rot oder weiß, 1 – 4 cm, Blätter breit eiförmig, zugespitzt
(Gattung mit 7 Arten)

7

Gemeine Braunelle

7

8

Gefleckte Taubnessel

8

8* *Bunter Hohlzahn*

8*

Bestimmungsschlüssel für die Gattung Taubnessel (6 Arten)

1 • Kronblätter gelb, Unterlippe mit rötlichen Flecken, dreilappig

Goldnessel
Lange oberirdische Ausläufer

1* • Kronblätter weiß, rot oder rosa, Unterlippe zweilappig ········· ► 2

2 • Kronblätter weiß

Weiße Taubnessel
Ober- und unterirdische Ausläufer

2* • Kronblätter rot oder rosa ······ ► 3

3 • Kronröhre aufwärtsgebogen, Krone 2 – 3 cm lang

Gefleckte Taubnessel
Unterlippe dunkel gefleckt,
Blüten rot, in Scheinquirlen,
Kronröhre innen mit Haarring,
Blätter herz-eiförmig, spitz

3* • Kronröhre gerade, Krone kleiner················· ► 4

1

1

2

2

3

3

4 • Obere Blätter stängelumfassend, untere Blätter gestielt, herz-eiförmig oder rundlich und tief gekerbt

Stängelumfassende Taubnessel
Blüten rot, in Scheinquirlen, Kronröhre innen ohne Haarring

4

4

4* • Obere Blätter gestielt oder fast sitzend, nie stängel-umfassend ······················ ► 5

5 • Obere Blätter eiförmig bis dreieckig, kurz gestielt, unregelmäßig gekerbt untere Blätter rundlich, lang gestielt
• Blattstiel der oberen Blätter nur wenig verbreitert

Purpurrote Taubnessel
Kronröhre innen am Grunde mit deutlichem Haarring, Blüten hellpurpurn, in Scheinquirlen

5

5* • Obere Blätter tief eingeschnitten
• Blattstiel der obersten Blätter stark verbreitert

Eingeschnittene Taubnessel
Blüten hellpurpurn, Kronröhre innen meist ohne Haarring

5*

Bestimmungsschlüssel für die Gattung Günsel

1 • Blüten rötlich oder bläulich, selten weiß, zu 5 - 12 in Scheinquirlen
  • Laubblätter ungeteilt · · · · · · · · · · ► 2

1* • Blüten gelb, meist einzeln
  • Laubblätter meist 3-spaltig mit linealischen Zipfeln

Acker-Günsel oder
Gelber Günsel
Stängel zottig behaart, 5 - 15 cm

1*

1*

2 • Pflanze mit oberirdischen Ausläufern

Kriech-Günsel
Blüten blau oder rötlich, selten weiß, grundständige Blätter groß, spatelförmig, lang gestielt, 10 - 30 cm

2

2

2

2* • Pflanze ohne oberirdische Ausläufer · · · · · · · · · · · · · · · · · · · ► 3

3 • Blüten meist dunkelblau, Staubblätter weit herausragend
  • Pflanze zottig behaart

Heide-Günsel
Grundständige Blätter länglich elliptisch, lang gestielt, 10 - 40 cm

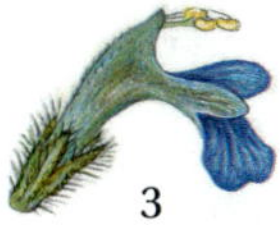
3

3

3

3

3* • Blüten hellblau, Staubblätter nicht oder nur wenig herausragend
  • Pflanze kurz behaart

Pyramiden-Günsel
10 - 30 cm, Blätter breit elliptisch

3*

3*

4.8 Familie Rosengewächse

Zu dieser Familie gehören etwa 3 000 Arten. Die Familie ist weltweit verbreitet, besonders viele Arten wachsen auf der nördlichen Halbkugel.

Die Rosengewächse sind Bäume, Sträucher und mehrjährige, selten einjährige Kräuter.

Zu dieser Familie gehören viele einheimische **Obstgehölze** (*Apfel, Birne, Pflaume, Kirsche, Pfirsich, Aprikose, Quitte, Himbeere, Brombeere*).

Zierpflanzen sind z. B. die *Rosen*, die Sträucher *Weißdorn, Feuerdorn* und *Spierstrauch*.

Wildpflanzen unter den Rosengewächsen haben Bedeutung zur Herstellung von Tee, z. B. *Brombeere, Blutwurz, Rose* (Hagebutten).

Die Rosengewächse haben stets wechselständige **Blätter**, die sehr vielgestaltig sein können, z. B. gefiedert, gefingert, dreizählig. Ihr gemeinsames Merkmal ist das Vorhandensein von Nebenblättern.

Blattformen

Wald-Erdbeere

Die **Blüten** sind meist 5-zählig und stets rädiar (strahlig). Sie besitzen eine Blütenhülle aus *Kelch-* und *Kronblättern*, die frei sind, also nicht verwachsen. Der 5-zählige Kelch kann von einem Außenkelch umgeben sein (insgesamt 10 Kelchblätter).
Die meist 5 Kronblätter (selten 4) sind gelb, weiß oder rot.
Staubblätter können zahlreich vorhanden sein. Der *Fruchtknoten* kann oberständig, aber auch mittel- und unterständig und aus einem oder mehreren *Fruchtblättern* aufgebaut sein.

Blütenformen

Früchte sind meistens *Steinfrüchte* (z. B. Kirsche, Pfirsich), *Nüsse* und *Kapseln*. Vielfach gibt es **Sammelfrüchte**, z. B. Sammelnussfrucht (Hagebutte, Erdbeere), Sammelsteinfrucht (z. B. Himbeere, Brombeere).
Oftmals ist der Blütenboden an der Fruchtbildung beteiligt.

Fruchtformen

Einige Rosengewächse

1 • Bäume und Sträucher ········· ► 2

1* • Krautige Pflanzen mit biegsamen Sprossachsen················ ► 3

2 • Sehr viele Griffel in einem krugförmigen Blütenboden
• Pflanze mit Stacheln

> **Rose**
> strauchförmig, dreiteilige oder gefiederte Blätter, Stängel mit Stacheln besetzt, Früchte sind Hagebutten
> (Gattung mit 23 Arten)

2

Heckenrose

2

2

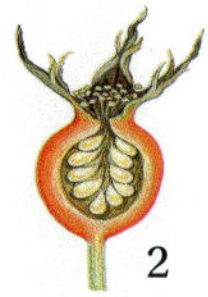

2

2* • 1–5 Griffel im Blütenboden
• Pflanze ohne Stacheln, manchmal holzige Dornen (Bestimmungsschlüssel Obstbäume, ↗ S. 93)

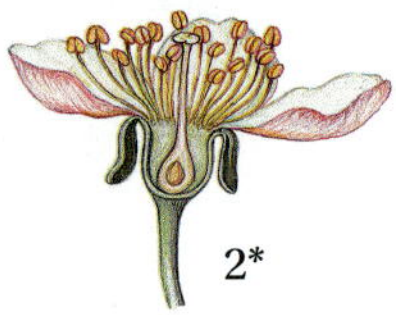

2*

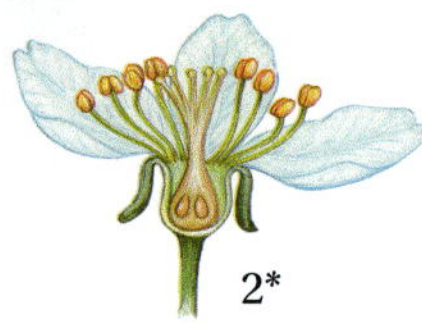

2*

3 • Blüten in dichten kugeligen, walzen- oder eiförmigen bräunlichen oder grünlichen Köpfen

> **Wiesenknopf** (↗ S. 97)
> Blätter gefiedert
> (Gattung mit 2 Arten)

3

Großer Wiesenknopf

3

3* • Blüten nicht in dichten Köpfen······················ ► 4

4 • Blüten nur aus Kelchblättern bestehend, ohne Kronblätter

Frauenmantel
Kelch gelbgrün, aus 4 größeren inneren und 4 kleineren äußeren Kelchblättern, Grundblätter handförmig geteilt, gespalten oder mit 5 – 13 Blattlappen (Gattung mit 5 Arten)

4* • Blüten mit Kelchblättern und meist auffallend gefärbten Kronblättern ▸ 5

5 • Blüten mit 8 oder 10 Kelchblättern ▸ 6

5* • Blüten mit 4 oder 5 (6) Kelchblättern ▸ 9

6 • Kronblätter braunrot, spitz, kleiner als die inneren dunkelroten Kelchblätter

Sumpf-Blutauge
Blätter gefiedert, unterseits blaugrün, Stängel kriechend

6* • Kronblätter rötlich gelb, gelb oder weiß, rundlich oder vorn ausgerandet ▸ 7

7 • Grundblätter gefiedert, das Fiederblättchen an der Spitze auffallend groß

Nelkenwurz (↗ S. 97)
(Gattung mit 4 Arten)

7* • Alle Blätter gefingert, dreizählig oder gefiedert, Fiederblättchen an der Spitze nicht auffällig groß ▸ 8

Gemeiner Frauenmantel

4

6

6

7

Bach-Nelkenwurz

7

8 • Kronblätter gelb oder weiß
• Blätter gefingert oder gefiedert, selten dreizählig
• Kleine bräunliche Früchte (Nüsschen)

Fingerkraut (↗ S. 95)
(Gattung mit 25 Arten)

8

8

Gänse-Fingerkraut

8

Kriechendes Fingerkraut

8* • Kronblätter weiß
• Blätter dreizählig
• Rote, fleischige Früchte

Erdbeere
Früchte sind kleine Nüsschen auf großem fleischigem Fruchtboden
(Gattung mit 4 Arten)

8*

Wald-Erdbeere

8*

9 • Blätter mit Nebenblättern, unterbrochen gefiedert
• Blüten gelblich weiß oder weiß, außen rötlich, in schirmartigen Rispen

Mädesüß
(Gattung mit 2 Arten)

9

Echtes Mädesüß

9

9* • Blätter ohne Nebenblätter 2- bis 3-fach dreizählig gefiedert
• Blüten in rispig angeordneten schmalen Ähren, gelblich weiß oder reinweiß

Wald-Geißbart
Pflanze zweihäusig, Krone gelblich weiß (♂) oder reinweiß (♀), **geschützt**

9*

9*

Obstbäume als Rosengewächse

1 • 1 Griffel in Blütenboden eingesenkt
• Früchte mit fleischiger Fruchthülle und 1 Stein .... ► 2

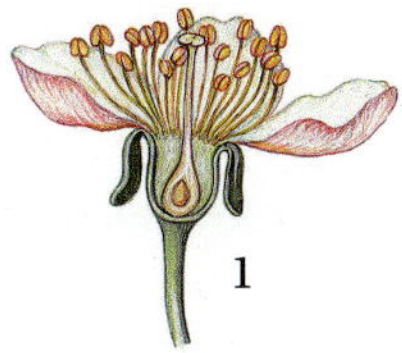

1

1

1* • 2–5 Griffel
• Frucht eine apfel- oder birnenförmige Scheinfrucht mit Kerngehäuse .... ► 6

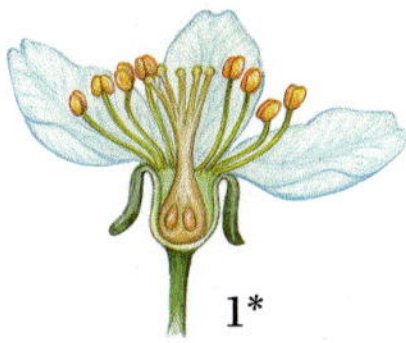

1*

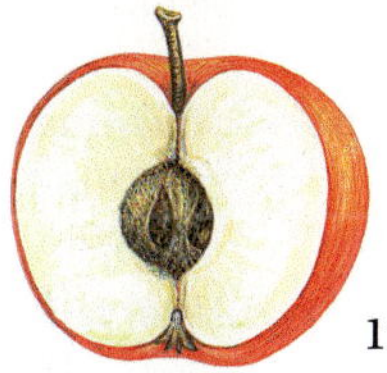

1*

2 • 3 bis viele Blüten in einem Blütenstand
• Fruchtknoten kahl

Kirsche

2

2* • Blüten einzeln oder 2 zusammen
• Fruchtknoten behaart oder kahl .... ►

2

Süß-Kirsche oder *Vogel-Kirsche*

3 • Blüten deutlich gestielt
• Fruchtknoten und Frucht kahl .... ► 4

2

Kultur-Süß-Kirsche

3* • Blüten und Früchte ohne Stiel oder mit ganz kurzem Stiel
• Fruchtknoten und Frucht behaart .... ► 5

4 • Sparriger, stark dorniger Strauch
• Blätter 2 – 5 cm lang
• Blüten klein, weiß, Kronblätter bis 6 mm lang
• Frucht kugelförmig, dunkelblau, kahl

Schlehe oder **Schwarzdorn**
Blüten erscheinen im Frühjahr lange vor den Blättern

4

4

4* • Dornenloser oder schwach dorniger Baum
• Blätter etwa 8 cm lang
• Blüten weiß bis rötlich, Kronblätter länger als 6 mm
• Frucht eiförmig, dunkelblau, rot oder gelb, kahl

Pflaume
(Gattung mit 2 Arten)

5 • Blätter lanzettlich
• Blüten kräftig rosa
• Frucht grünlich oder rötlich, flaumig behaart
• Stein gefurcht

Gemeiner Pfirsich
Blüten erscheinen im Frühjahr vor den Blättern

5* • Blätter herz-eiförmig, vorn zugespitzt
• Blüten blassrosa bis weiß
• Frucht gelb bis orange
• Stein glatt, scharfkantig

Gemeine Aprikose
Zweige rötlich

6 • Blätter ganzrandig
• Blüten einzeln, rosa, Staubblätter violett

Echte Quitte
Apfel- oder birnenförmige Frucht, filzig behaart

6* • Blätter gesägt oder gezähnt
• Blüten zu mehreren in einem Blütenstand ·················· ▶ 7

7 • Staubbeutel gelb
• Griffel am Grunde verwachsen

Apfel
Blätter eiförmig, unterseits oder beiderseitig behaart, Blüten weiß, rosa oder rötlich violett
(Gattung mit 2 Arten)

7* • Staubbeutel rot
• Griffel am Grunde nicht verwachsen

Birne
Blätter eiförmig, kahl, glänzend
(Gattung mit 2 Arten)

7

7

7

7*

7*

7*

Bestimmungsschlüssel für die Gattung Fingerkraut

1 • Blätter unterbrochen gefiedert mit 7–12 Fiederpaaren

Gänse-Fingerkraut
Blätter unterseits silbrig weiß, Stängel niederliegend, rankenartig kriechend, an den Knoten Wurzeln bildend, Blüten gelb

1* • Blätter gefingert oder dreizählig ·················· ▶ 2

1

1

1

2 • Blüten mit 4 Kronblättern

Aufrechtes Fingerkraut oder **Blutwurz**
Blätter dreizählig, dazu zwei Nebenblätter, Stängel liegend bis aufrecht, Blüten gelb

2

2

2

2* • Blüten mit 5 Kronblättern ····· ▶ 3

3 • Alle Stängel rankenartig kriechend, an den Knoten bilden sich Wurzeln
• Stängel unverzweigt

Kriechendes Fingerkraut
Stängel 30–100 cm lang, Blüten goldgelb

3

3* • Stängel aufrecht oder liegend, bildet keine Wurzeln
• Stängel verzweigt ············· ▶ 4

4 • Blätter 5- bis 7-zählig gefingert
• Teilblättchen länglich, Blattrand gesägt

Frühlings-Fingerkraut
Stängel und Blätter mit aufrecht abstehenden Haaren, Blüten gelb

4

4* • Blätter 5- bis 9-zählig gefingert
• Teilblättchen fiederspaltig

Silber-Fingerkraut
Blattunterseite weißfilzig, Blüten gelb

4*

Bestimmungsschlüssel für die Gattung Nelkenwurz

1 • Kronblätter außen rötlich, innen gelb
• Blüten nickend
• Nebenblätter der Stängelblätter klein

Bach-Nelkenwurz
Große gefiederte Grundblätter

1* • Kronblätter gelb
• Blüten aufrecht
• Nebenblätter der Stängelblätter groß

Echte Nelkenwurz
Blätter gefiedert oder dreizählig, gestielte grundständige Blätter rosettenartig

Bestimmungsschlüssel für die Gattung Wiesenknopf

1 • Blütenköpfe ei- bis walzenförmig
• Blüten dunkelbraun

Großer Wiesenknopf
Narbe warzenförmig

1* • Blütenköpfe fast kugelig
• Blüten anfangs grün, später rötlich

Kleiner Wiesenknopf
Narbe pinselförmig

4.9 Familie Schmetterlingsblütengewächse

Schmetterlingsblütengewächse bevorzugen trockene und mäßig feuchte Standorte. Im Wasser kommen sie nicht vor. Weltweit gehören etwa 10 000 Arten zu dieser Familie.

Die meisten bei uns vorkommenden Arten (140 Arten) sind **Kräuter** und **Stauden**. Es gibt aber auch **Bäume** (z. B. *Robinie*) und **Sträucher** (z. B. *Besenginster, Erbsenstrauch*).

Zu den Schmetterlingsblütengewächsen gehören viele **Nutzpflanzen** und **Zierpflanzen**. Nutzpflanzen sind sowohl bekannte Gemüsepflanzen, z. B. *Garten-Erbse, Garten-Bohne, Sojabohne,* als auch Ölpflanzen, z. B. die *Erdnuss,* sowie zahlreiche Futterpflanzen, z. B. *Rot-Klee, Luzerne, Serradella.*

Vertreter dieser Pflanzenfamilien sind an charakteristischen Merkmalen zu erkennen.

Die **Blätter** der Schmetterlingsblütengewächse sind meist zusammengesetzt, z. B. gefiedert oder 3-zählig, selten gefingert. Oft sind ihre Endfiederblättchen zu Ranken umgebildet. Meist sind Nebenblätter vorhanden.

Die Anordnung der Blätter am Stängel ist stets wechselständig.

Blattformen

Weiß-Klee

Die **Blüten** der Schmetterlingsblütengewächse haben einen einheitlichen Aufbau. Sie sind zwittrig und zweiseitig symmetrisch, erinnern in ihrer Form an einen Schmetterling (Schmetterlingsblüte).
Jede Blüte besteht aus 5 *Kelchblättern*, die stets miteinander verwachsen sind. Die 5 oft farbigen *Kronblätter* sind unterschiedlich gestaltet: 1 Fahne, 2 Flügel und 2 zu einem „Schiffchen“ verwachsene Kronblätter.
Das Schiffchen umschließt meist die insgesamt 10 *Staubblätter*. Diese können zu einer Röhre verwachsen sein bzw. 9 Staubblätter sind verwachsen und das 10. Staubblatt liegt frei oben auf der Röhre.
Der oberständige *Fruchtknoten* wird aus 1 Fruchtblatt mit 1 Narbe gebildet.
Der **Blütenstand** ist meistens eine Traube bzw. ein doldenförmiges Köpfchen.

Blüte

Blütenstände

Die **Frucht** der Schmetterlingsblütengewächse ist eine *Hülse* bzw. *Gliederhülse*. Die Hülsen sind vielgestaltig. Ihre Samen sitzen an einer Seite. Zur Reifezeit öffnen sie sich an Rücken- und Bauchnaht.

Fruchtformen

Einige Schmetterlingsblütengewächse

1 • Holzgewächse Baum oder Strauch ······················ ► 2

1* • Krautige Pflanze ·············· ► 4

2 • Baum

Weiße Robinie oder **Falsche Akazie** oder **Scheinakazie**
Blüten weiß, in hängenden Trauben und duftend, Blätter gefiedert (9–17 Fiederblättchenpaare), alle gleich groß, eiförmig, Nebenblätter zu Dornen, Pflanze **giftig**

2* • Strauch ······················ ► 3

3 • Obere Blätter klein, einfach, untere dreizählig
• Blüten gelb, einzeln oder zu zweit an den Zweigen

Gelber Besenginster
Strauch mit langen, aufrecht wachsenden Zweigen, Zweige grün, kantig, Hülsen behaart

3* • Blätter paarig gefiedert (4–6 Paare)
• Blüten gelb, zu 1–3 in den Blattachseln, gestielt

Gemeiner Erbsenstrauch
2–4 m hoher Zierstrauch, Hülsen lang, walzenförmig

4 • Blätter gefingert ·············· ► 5

2

3

3

3*

3*

4* • Blätter dreizählig oder gefiedert ▶ 6

5 • Blüten blau oder violett, selten weiß, in langen Trauben
• Blätter 10- bis 15-zählig gefingert

Vielblättrige Lupine oder **Stauden-Lupine**
Hülsen dicht behaart, vielsamig, Futter-, Gründüngungs- und Zierpflanze

5* • Blüten gelb, in Quirlen
• Blätter 6- bis 9-zählig gefingert

Gelbe Lupine
Hülsen knotig, dicht behaart, Futter- und Gründüngungspflanze

6 • Blätter gefiedert ▶ 7

6* • Blätter 3-zählig ▶ 11

7 • Blätter paarig gefiedert ▶ 8

7* • Blätter unpaarig gefiedert ▶ 9

8 • Nebenblätter am Blattgrund meist größer als die Fiederblättchen des Blattes
• Blüten weiß oder purpurn, in 1- bis 3-blütigen Trauben

Garten-Erbse
Letzte Fiederblättchen umgewandelt zu Ranken, Futter- und Gemüsepflanze

5 5 5

5* 5* 5*

6/7

6*

8

8

8* • Nebenblätter am Blattgrund kleiner als die Fiederblättchen des Blattes
• Blüten gelb, rot oder rötlich, selten weiß, in 4- bis 8-blütigen Trauben

Platterbse
(Gattung mit 18 Arten)

9 • Endblättchen des Blattes größer als die anderen Fiederblättchen

Gemeiner Wundklee
Blüten goldgelb, selten rötlich, in kugeligen Köpfchen, Blütenköpfe von fingerförmigen Deckblättern umgeben, unterste Blätter lang gestielt, länglich eiförmig

9* • Endblättchen des Blattes so groß wie die anderen Fiederblättchen ··············· ► 10

10 • Blüten gelb, außen rötlich, in doldenförmigen Köpfchen
• Hülsen walzenförmig, ungegliedert
• Unteres Fiederblättchenpaar nebenblattartig dicht am Stängel

Hornklee
Blütenstand in 3-, 5- oder 10- bis 12-blütigen doldenförmigen Köpfchen
(Gattung mit 4 Arten)

8*

Frühlings-Platterbse

8*

Wiesen-Platterbse

9

9

9

10

10

Gemeiner Hornklee

10* • Blüten rosa und weiß, in doldenförmigen Köpfchen
- Hülsen walzenförmig, gegliedert
- Unteres Fiederblättchenpaar nicht dicht am Stängel

Serradella oder
Großer Vogelfuß
Mehrere Gliederhülsen bilden vogelfußartigen Fruchtstand, Futterpflanze

10*

10*

11 • Blüten in Köpfchen

Klee
Kronblätter der Blüten gelb, rot oder weiß, wichtige Futterpflanzen
(Gattung mit 23 Arten)

11

Weiß-Klee

11

Rot-Klee

11* • Blüten in Trauben .... ► 12

12 • Blüten in langen, schmalen und lockeren Trauben
- Kronblätter der Blüten weiß oder gelb
- Hülse eiförmig

Steinklee
(Gattung mit 5 Arten)

12

Echter Steinklee

12

12* • Blüten in kurzen Trauben
- Kronblätter der Blüten gelb, blau oder violett
- Hülse nierenförmig, sichelförmig oder schneckenförmig

Luzerne oder **Schneckenklee**
(Gattung mit 6 Arten)

12*

12*

Saat-Luzerne oder *Blaue Luzerne*

4.10 Familie Echte Gräser (Süßgräser)

Süßgräser sind weltweit verbreitet. Sie sind meist krautartige Pflanzen. Zu ihnen gehören etwa 10 000 Arten. Die Süßgräser sind in Wiesen, Steppen und Savannen vorherrschend.
Die Süßgräser sind die wichtigsten Nahrungslieferanten für Mensch und Tier. Zu ihnen gehören z. B. *Mais, Zuckerrohr, Bambus, Hirse, Reis, Hafer, Roggen, Weizen, Gerste.*
Als **Futtergräser** stellen sie für viele Tiere die Nahrungsgrundlage dar, z. B. *Straußgras, Knäuelgras, Rispengras, Lieschgras, Fuchsschwanz.*

Eine Vielzahl der Süßgräser besitzt einen hohlen (außer Mais, Zuckerrohr) runden **Stängel** (Halm). Er ist in Knoten (Nodien) und Zwischenknotenstücke (Internodien) gegliedert. Süßgräser gehören zu den einkeimblättrigen Pflanzen.
Die **Blätter** sind schmal, länglich, parallelnervig und entspringen an einem Knoten. Meist wird der Stängel von einer *Blattscheide* umschlossen, ehe sie in die *Blattspreite* übergeht. An der Übergangsstelle können ein vielgestaltetes *Blatthäutchen* und *Blattöhrchen* ausgebildet sein.

Gemeines Knäuelgras

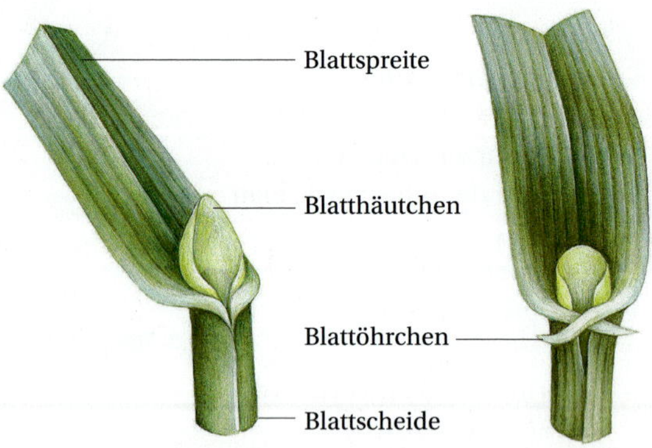

Die **Blüten** der Süßgräser sind klein und unscheinbar. Eine *Einzelblüte* besteht in der Regel aus 1 oberständigen Fruchtknoten mit 2 büscheligen Narben (gebildet aus 2 Fruchtblättern), 3 weit heraushängenden Staubblättern (Windblütler), 1 Vorspelze und 1 Deckspelze.
Die Blüten können einzeln oder zu mehreren in einem *Ährchen* zusammenstehen. Das Ährchen wird am Grunde meistens von 2 (selten von keiner, 1, 3 oder 4) Hüllspelzen eingeschlossen. Es gibt ein-, zwei- und mehrblütige Ährchen.

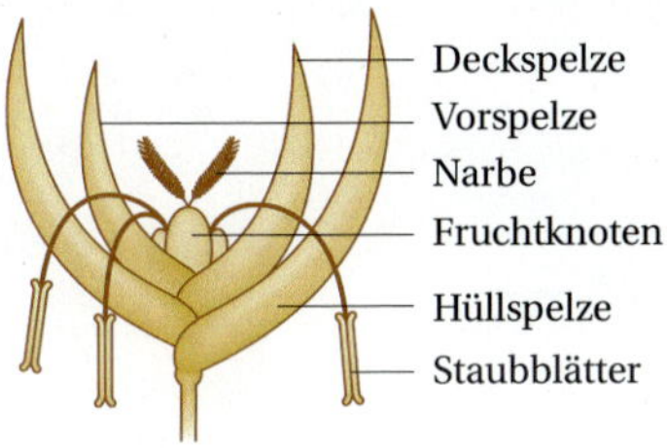

Einblütiges Ährchen

Zweiblütiges Ährchen

Vierblütiges Ährchen

Die Ährchen bilden einen **Blütenstand**. Nach der Anordnung der Ährchen im Blütenstand unterscheidet man 3 Gruppen von Süßgräsern und 3 Formen von Blütenständen.

Ährengräser

Ähre
Ährchen sitzen direkt auf Blütenstandsachse oder an kurzen unverzweigten Stielen.

Ährenripsengräser

Ährenrispe
Ährchen sitzen an kurzen verzweigten Stielen (2. und 3. Ordnung).

Rispengräser

Rispe
Ährchen sitzen an unverzweigten und verzweigten längeren Stielen (1., 2. und 3. Ordnung).

Die **Früchte** der Süßgräser sind kleine Nüsse (Schließfrüchte), die als Karyopsen (Grasfrüchte) bezeichnet werden. Bei ihnen sind Frucht- und Samenschale verwachsen.

Einige Getreidearten

Saat-Roggen

Die Pflanze ist einjährig, meist überwinternd (Winterroggen). Die **Stängel** wachsen bis zu 2 m in die Höhe, die Wurzeln reichen bis zu 1 m in die Tiefe.
Oftmals findet eine Bestockung durch Bildung von 2 bis 3 Seitenhalmen statt.

Die schmalen bandförmigen **Blätter** sind graugrün bis bläulich bereift. Das *Blatthäutchen* ist 2 mm lang und halbrund. Die *Blattöhrchen* sind kurz, kaum übereinandergreifend.

Der **Blütenstand** ist eine 4-seitige *Ähre*, die aus 2-blütigen Ährchen besteht. Die *Hüllspelzen* sind kürzer als die **Ährchen**, die *Deckspelzen* lanzettlich und an der Spitze lang begrannt.

Die **Frucht** (Karyopse) ist länglich, walzenförmig.

Bedeutung der Roggenpflanze:
Kulturpflanze, Roggenkörner als Grundlage für die Ernährung des Menschen und für die Fütterung von Haustieren

Saat-Weizen

Die einjährige Pflanze wächst bis zu einer Höhe von 1,60 m und ist bis zu 1 m tief wurzelnd.

Die schmalen, länglichen **Blätter** besitzen am Übergang zur Blattscheide ein kurzes und rundliches *Blatthäutchen*. Die *Blattöhrchen* sind verlängert, weit übereinandergreifend und gewimpert.

Der **Blütenstand** ist eine 4-seitige *Ähre*, die aus meist 4-blütigen **Ährchen** besteht.
Die *Hüllspelzen* sind an der Spitze gekielt, auf dem Rücken gewölbt. Die *Deckspelzen* sind entweder ohne Grannen (Kolbenweizen) oder kurz begrannt (Grannenweizen).

Die **Frucht** (Karyopse) ist oval bis rundlich.

Bedeutung der Weizenpflanze:
Kulturpflanze, Weizenkörner als Grundlage für die Ernährung des Menschen

Winter-Gerste oder **Mehrzeilige Gerste**

Die Pflanze ist einjährig, 0,60 - 1,20 m hoch und wurzelt bis 2,60 m Tiefe.
Die **Blätter** sind dünn, flach, selten - besonders an der Spitze - eingerollt.
Das *Blatthäutchen* ist länglich, dreieckig zugespitzt. Die *Blattöhrchen* sind stängelumfassend, spitz zulaufend.

Der **Blütenstand** ist eine 4-zeilige, seltener 6-zeilige *Ähre,* die schlank und oft nickend ist. Die 1-blütigen **Ährchen** sitzen zu 3 an der Ährenspindel. Die *Hüllspelzen* sind sehr schmal, lanzettlich und nach außen gerichtet. Die *Deckspelzen* sind breit-elliptisch, besitzen eine sehr lange Granne.

Die länglich ovale **Frucht** (Karyopse) ist mit den Deck- und Hüllspelzen etwas verwachsen und bildet eine Scheinfrucht.

Bedeutung der Gerstenpflanze*:*
Kulturpflanze, Gerstenkörner für Ernährung des Menschen, Futtergetreide für Haustiere

Saat-Hafer

Die Pflanze ist einjährig, 0,60 - 1,50 m hoch. Die schmalen, langen **Blätter** besitzen am Übergang zur *Blattscheide* ein kurzes, eiförmiges bis dreieckiges *Blatthäutchen, Blattöhrchen* fehlen.

Der **Blütenstand** ist eine *Rispe*. Die **Ährchen** sind in der Regel 2-blütig. Sie sitzen an langen überhängenden Stielen.
Die länglichen *Hüllspelzen* sind länger als die *Deckspelzen*. Diese sind meist kahl, an der Spitze zweispaltig, zuweilen schwarz, ihre Rückengranne ist sehr kurz oder fehlend.

Die längliche **Frucht** (Karypose) wird im unteren Teil von Spelzen umgeben.

Bedeutung der Haferpflanze:
Kulturpflanze, Haferkörner für Ernährung des Menschen, Futtergetreide für Haustiere

Einige weitere Süßgräser

Deutsches Weidelgras oder

Englisches Raygras

Ausdauernde, überwinternde, rasenbildende, sattgrüne **Horstpflanze** von 30 bis 60 cm Höhe; vegetative Vermehrung durch kurze Ausläufer.
Stängel glatt, **Blätter** fest, junge Blätter einfach zusammengefaltet. *Blatthäutchen* kurz, rundlich, *Blattöhrchen* klein, nicht übereinandergreifend.
Blütenstand bis zu 20 cm lange unterbrochene *Ähre*, an Spindel 10–20 und mehr 5- bis 12-blütige aufrechte *Ährchen*, liegt mit Schmalseite an Spindel; 1 *Hüllspelze*, sehr kurz, *Deckspelzen* unbegrannt oder kurz begrannt.
Bedeutung: Futterpflanze, Weiden- und Parkrasengras

Gemeines Knäuelgras oder

Gemeines Knaulgras

Pflanze graugrün, 0,30–1,20 m Höhe, **Stängel** glatt, **Blätter** länglich, schmal, gekielt, *Blattscheide* zusammengedrückt, umschließt Stängel; *Blatthäutchen* lang, weiß, in Spitze ausgezogen, *Blattöhrchen* fehlen.
Blütenstand aufrechte, fast einseitswendige *Rispe*.
Ährchen 3- bis 4-blütig, sitzen dicht geknäuelt an Stielen, *Hüllspelzen* kurz, Hüll- und *Deckspelzen* mit kurzer Granne oder stachelspitzig.
Bedeutung: Futterpflanze

Einjähriges Rispengras

Einjährige bis ausdauernde **Horstpflanze** von 2 bis 30 cm Höhe, Flachwurzler.
Stängel und lange, schmale, in eine kahnförmige Spitze auslaufende **Blätter** sind etwas zusammengedrückt. *Blatthäutchen* länglich, zugespitzt, weiß; *Blattöhrchen* fehlen.

Blütenstand kleine, einseitswendige, lockere *Rispe*, auf der untersten Stufe nur 1 - 2 glatte lange Stiele mit Ährchen; **Ährchen** 3- bis 7-blütig.

Bedeutung: Trittrasenpflanze

Wiesen-Rispengras

Überwinternde 0,20 - 0,90 m hohe **Horstpflanze** mit langen unterirdischen Ausläufern.

Stängel schwach zusammengedrückt; **Blätter** am Rande rau, mit flacher Spitze endend. *Blatthäutchen* kurz, an der Seite der Blattscheide herablaufend, *Blattöhrchen* fehlen.

Blütenstand pyramidenförmige, lockere *Rispe*, auf der untersten Stufe meist 5 lange Stiele mit **Ährchen**, Ährchen 3- bis 5-blütig. *Blütenspelzen* auf Rücken und am Rand dicht behaart. *Staubblätter* rötlich-gelblich.

Bedeutung: Futterpflanze, Wiesen- und Dauerweidengras

Weißes Straußgras

Grasgrüne Pflanze von 0,20 bis 1 m Höhe, lange oberirdische Ausläufer. **Stängel** kriechend, aufsteigend, an Knoten wurzelnd. **Blätter** schmal, länglich, flach; *Blatthäutchen* länglich (bis 6 mm), zugespitzt oder geschlitzt; *Blattöhrchen* fehlen.
Blütenstand vielästige, zarte, lockere *Rispe*, verzweigte Stiele rau, waagerecht abstehend oder abwärtsgerichtet.
Ährchen 1-blütig, *Deckspelzen* meist grannenlos.

Bedeutung: Futtergras, Untergras auf Wiesen und Weiden

Einblütiges Perlgras

Überwinternde Pflanze von 30 bis 50 cm Höhe, unterirdische Ausläufer. **Blätter** schmal, länglich, flach.
Blatthäutchen kurz, spitzlich, gegenüber der Blattspreite 2 lanzettliche Anhängsel; *Blattöhrchen* fehlen.
Blütenstand locker-traubige, meist schlaffe *Rispe* mit wenigen Ährchen. **Ährchen** aufrecht, meist 1 Zwitterblüte. *Hüllspelzen* 2, lang und kurzspitzig; *Deckspelzen* kahl, grannenlos, ganzrandig, stumpf.

Bedeutung: hübsches Gras für Wildpflanzengärten

Wiesen-Lieschgras

Überwinternde, 0,30 - 1,00 m hohe **Horstpflanze** mit langen, zugespitzten und rauen **Blättern**. *Blatthäutchen* groß, weiß, in Spitze ausgezogen; *Blattöhrchen* fehlen.
Blütenstand schlanke (bis 10 cm lang), walzenförmige, grüne, selten violett überlaufene, am Ende abgerundete *Ährenrispe*.
Ährchen 1-blütig, an sehr kurzen Stielen dicht gedrängt sitzend. *Hüllspelzen* 2, stark zusammengedrückt, scharf gekielt, steifhaarig bewimpert, kurze Granne; *Deckspelzen* stumpf, grannenlos.

Bedeutung: hochwertige Futterpflanze

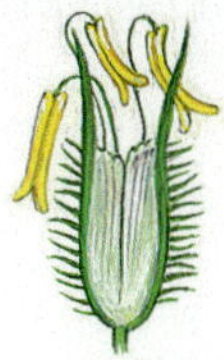

Wiesen-Fuchsschwanz

Ausdauernde 0,30 - 1,00 m hohe, grasgrüne **Horstpflanze**, unterirdische Ausläufer kurz kriechend. *Blatthäutchen* kurz, gerundet; *Blattöhrchen* fehlen.
Blütenstand walzenförmige, stumpfe, bis 1 cm dicke *Ährenrispe*, nach Abblühen braunrot.
Ährchen eiförmig, 1-blütig, zu 4–6 zusammensitzend am kurzen Stiel, leicht von Spindel abschiebbar.
Hüllspelzen 2, kahnförmig, zugespitzt, am Grunde verwachsen, am Kiel lang gewimpert. *Deckspelzen* meist mit kurzer Rückengranne. *Staubblätter* anfangs violett, später fuchsrot.

Bedeutung: ertragreiche Futterpflanze

5 Ausgewählte Stauden, Sträucher und Laubbäume

In vielen Gärten, Parkanlagen, Wäldern und Hecken findet man mehrjährige Stauden, Sträucher und Bäume.

Stauden sind ausdauernde, nach der Blüte und Samenbildung nicht absterbende, mehrjährige krautige Pflanzen. **Sträucher** und **Bäume** dagegen besitzen immer eine verholzte Sprossachse. Sie sind **Holzgewächse**.

Bäume sind mehrjährige, in Stamm, Äste und Zweige, gegliederte aufrecht wachsende, hohe Holzgewächse. **Sträucher** besitzen keinen Stamm. Sie sind von unten an in Äste und Zweige gegliederte, nur einige Meter hohe Gehölze.

Zur **Bestimmung der Pflanzen im belaubten Zustand** eignen sich am besten die Blätter und Sprossachsen – einschließlich der Borke –, aber auch die Blüten (siehe Kap. 2).

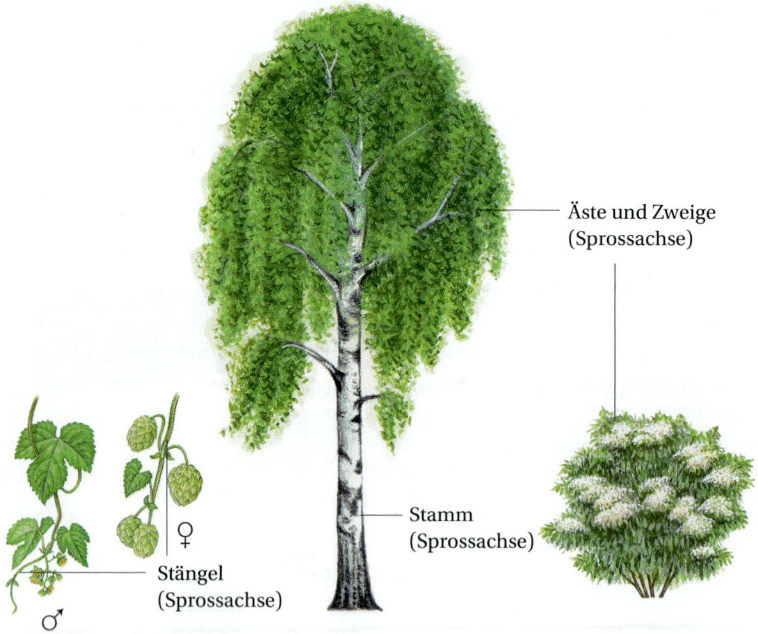

Stauden (z. B. Gemeiner Hopfen) *Bäume (z. B. Hänge-Birke)* *Sträucher (z. B. Schwarzer Holunder)*

Mit Beginn der **kalten Jahreszeit** beobachtet man bei vielen unserer mehrjährigen Stauden und Holzgewächse den Abwurf ihrer Laubblätter. Dadurch zeigen sie ein völlig anderes Aussehen. Trotzdem besitzen auch diese Pflanzen im Winter bestimmte unverwechselbare charakteristische Merkmale, an denen sie sicher zu erkennen sind.
Für die **Bestimmung der Pflanzen im winterlichen Zustand** sind von besonderer Bedeutung die Zweige und die Knospen.

Bei den **Zweigen** sind von Wichtigkeit die Farbe und Beschaffenheit der Zweigoberfläche, das Vorhandensein von Rindenporen (Korkwarzen, Lentizellen), von Dornen (Blatt-, Sprossdornen) und Stacheln sowie die Form der Blattstielnarben nach Abfall des Blattes.

Zaunrebe

Schlehe

Gemeine Rosskastanie

Bei den **Knospen** unterscheidet man *Blattknospen* (enthalten nur Blattanlagen), *Blütenknospen* (enthalten nur Blütenanlagen) und *gemischte Knospen* (enthalten Blatt- und Blütenanlagen).
Knospen stehen als *Endknospen* meist einzeln an der Spitze der Triebe oder als *Seitenknospen* ebenfalls meist einzeln über den Blattnarben.

Die Knospen sind meist von Knospenschuppen umgeben, seltener sind sie nackt, d. h. nicht in *Knospenschuppen* eingehüllt.
Die Stellung der Seitenknospen am Zweig ist wie die der Blätter: spiralig, zweizeilig oder gegenständig.
Meist sind die Knospen sitzend, selten gestielt. Sie können nackt, bewimpert oder behaart sein und sich durch eine bestimmte Farbe auszeichnen.

Einige Stauden und Sträucher (Auswahl)

1 • Spross aufrecht, nicht windend oder kletternd ········ ► 7

1* • Spross windend oder kletternd ··· ► 2

2 • Spross windend ········ ► 3

2* • Spross mit Ranken oder Haftwurzeln kletternd ········ ► 4

3 • Stängel und Blätter glatt
• Kleine weiße Blüten in Rispen
• Blätter herzförmig

Silberregen oder
Auberts-Windenknöterich
(Familie Knöterichgewächse)

3

3* • Stängel und Blätter mit hakigen Borsten
• Weibliche gelblich grüne Blüten in ährigen Blütenständen, männliche grüne Blüten in herabhängenden Rispen, die in Blattachseln entspringen
• Blätter 3- bis 5-lappig

Gemeiner Hopfen
(Familie Hanfgewächse)

3* ♂

3* ♀

4 • Mit Haftwurzeln an Unterlage kriechend oder kletternd
• Blätter eilanzettlich (Altersblätter) oder 3- bis 5-eckig gelappt (Jugendblätter)

Gemeiner Efeu
Blätter immergrün, lederartig,
Früchte schwarze Beeren, giftig
(Familie Efeugewächse)

4* • Mit Blättern rankend
• Blätter gefiedert, gefingert oder gelappt ► 5

5 • Blätter in 3–5 Fiederblättchen geteilt
• Mit rankenden Blattstielen kletternd

Gemeine Waldrebe oder
Weiße Waldrebe
Sprossachsen verholzt
(Familie Hahnenfußgewächse)

5* • Blätter gefingert oder gelappt
• Mit Blattranken und Haftscheiben kletternd ► 6

6 • Blätter 3-lappig oder 3-zählig gefingert

Dreilappige Zaunrebe
Herbstfärbung rötlich
(Familie Weinrebengewächse)

6* • Blätter 5- bis 7-zählig gefingert

Fünfblättrige Zaunrebe oder
Wilder Wein
Herbstfärbung rötlich
(Familie Weinrebengewächse)

7 • Spross mit Stacheln und Dornen ► 8

7* • Spross ohne Stacheln und Dornen ► 12

4

4

5

6

6*

8 • Spross mit Dornen · · · · · · · · · · · · ► 9

8* • Spross mit Stacheln · · · · · · · · · · · ► 11

9 • Blattfläche ungeteilt
• Blüten schneeweiß oder gelb · · ► 10

9* • Blattfläche wenig bzw. tief gelappt
• Blüten weiß bis rosa

Weißdorn
Früchte eiförmig, rot, mehlig mit Steinkernen, Sprossdornen (Gattung mit 7 Arten, Familie Rosengewächse)

Zweigriffeliger Weißdorn 9*

Eingriffeliger Weißdorn 9*

10 • In den Blattachseln 3-teilige Blattdornen
• Blüten gelb, in hängenden Trauben
• Früchte Beeren, korallenrot
• Blätter länglich, verkehrt eiförmig, Blattrand dornig gewimpert

Hecken-Berberitze oder **Sauerdorn**
(Familie Berberitzengewächse)

10

10* • Seitenzweige in Dornen (Sprossdornen) endend
• Blüten immer schneeweiß, einzeln
• Steinfrüchte blau gereift
• Blätter breit lanzettlich, Blattrand scharf gesägt

Schwarzdorn oder **Schlehe**
Blüht bereits vor Laubentfaltung
(Familie Rosengewächse)

10*

10*

11 • Blätter 3-zählig, unterseits mit kleinen Haken
• Kronblätter weiß
• Frucht schwarz, blau bereift, Sammelsteinfrucht

Kratzbeere oder
Acker-Brombeere
Stängel kurzstachelig
(Familie Rosengewächse)

11

11

11* • Blätter unpaarig gefiedert (5–7 bzw. 3 Fieder), unterseits weißfilzig
• Kronblätter weiß
• Frucht rot, Sammelsteinfrucht

Himbeere
Stängel mit dünnen violetten Stacheln
(Familie Rosengewächse)

11*

11*

12 • Blätter am Rand stachlig oder dornig gezähnt
• Blätter immergrün, ledrig ····· ► 18

12* • Blätter am Rand nicht stachlig gezähnt
• Blätter meist sommergrün ····· ► 13

13 • Blätter ungeteilt ·············· ► 14

13* • Blätter unpaarig gefiedert ····· ► 17

14 • Blätter ganzrandig ············ ► 15

14* • Blätter gesägt ················ ► 16

15 • Blätter gegenständig ei- bis herzförmig

11*

- Blüten 4-zählig, wohlriechend, hell- bis dunkelviolett, weiß

Gemeiner Flieder
Kaspelfrucht 2-klappig
(Familie Ölbaumgewächse)

15

15

15

15* • Blätter gegenständig, länglich, lanzettlich
- Blüten 4-zählig unangenehm riechend, weiß

Gemeiner Liguster oder **Rainweide**
Früchte schwarze, glänzende, erbsengroße Beeren, **schwach giftig** (Familie Ölbaumgewächse)

15*

15*

16 • Blätter wechselständig, rundlich bis unregelmäßig herzförmig
- Blätter unterseits blaugrün silbrig
- Zweige braun, z.T. silbrig überhaucht
- Nussfrucht in becherförmiger zerschlitzter Hülle

Gemeine Haselnuss
(Familie Haselgewächse)

16

16

16* • Blätter meist gegenständig, breit elliptisch
- Blätter beiderseits grün
- Zweige grün, im Herbst und Winter rot
- Früchte blauschwarze Steinfrüchte

Roter Hartriegel
(Familie Hartriegelgewächse)

16*

17 • Blüten weiß, stark duftend
- Blütenstände schirmartig ausgebreitet

- Früchte schwarze Beeren mit dunkelrotem Saft
- Zweige innen weißes Mark

Schwarzer Holunder
(Familie Geißblattgewächse)

17

17

17

17* • Blüten grünlich gelb, kaum duftend
- Blütenstände eiförmige Rispen
- Früchte leuchtend rote Beeren
- Zweige innen gelbbraun

Roter Holunder oder **Trauben-Holunder**
(Familie Geißblattgewächse)

17*

17*

18 • Blätter ungeteilt, elliptisch, dornig gezähnt
- Pflanze bis zu 6 m hoch
- Rote Steinfrüchte
- Blüten klein, weiß, büschelig in Blattwinkeln

Stechpalme, Stech-Hülse oder **Stecheiche**
Pflanze zweihäusig, **geschützt**
(Familie Stechpalmengewächse)

18

18

18* • Blätter unpaarig gefiedert (5–9 Fieder), stachlig gezähnt
- Pflanze höchstens 1,50 m hoch
- Blauschwarze bereifte Beerenfrüchte
- Blüten gelb, in aufrechten Trauben

Stechdornblättrige Mahonie
Blätter im Winter gelblich oder rötlich
(Familie Berberitzengewächse)

18*

18*

Einige Laubbäume (Auswahl)

1 • Blätter in Einzelblättchen gefiedert oder gefingert ················ ► 2

1* • Blätter nicht in Einzelblättchen unterteilt····················· ► 6

2 • Blätter dreizählig oder unpaarig gefiedert
• Früchte Hülsen, geflügelte Nüsse oder Beeren················· ► 3

2* • Blätter lang gestielt, gefingert (7 Teilblättchen)
• Früchte in stachligen grünen Schalen (Kapseln)

Gemeine Rosskastanie
(Familie Rosskastaniengewächse)

2*

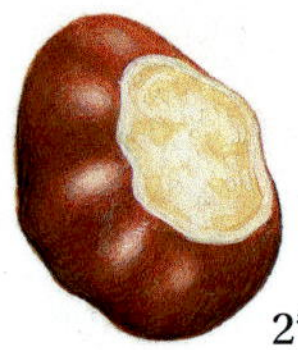

2*

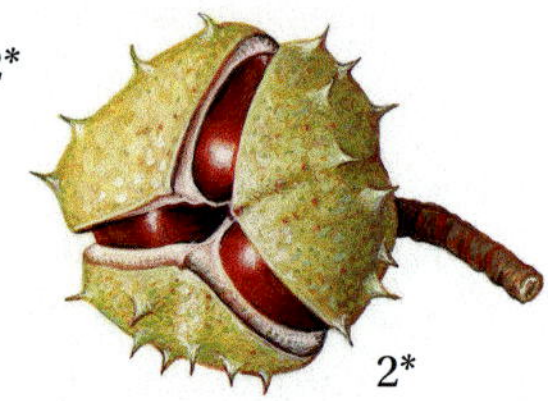

2*

3 • Blätter dreizählig oder in weniger als 9 Fiederblättchen geteilt
• Früchte geflügelte Nüsschen, Flügel spitzwinklig, oft einwärts gekrümmt

Eschen-Ahorn
(Familie Ahorngewächse)

3

3

3* • Blätter in 9–17 Fiederblättchen geteilt
• Früchte Hülsen oder Beeren ··· ► 4

4 • Blätter mit Blattdornen am Blattgrund (Nebenblätter)
• Früchte flache Hülsen, hängend, dunkelbraun

Weiße Robinie oder **Falsche Akazie** oder **Scheinakazie**
Blüten weiß, in hängenden Trauben (Familie Schmetterlingsblütengewächse)

4

4

4* • Blätter ohne Blattdornen am Blattgrund
• Früchte geflügelte Nüsse oder Beeren · · · · · · · · · · · · · · · · · ► 5

5 • Blüten gelbweiß, unangenehm süßlich riechend, in schirmartigen Blütenständen
• Früchte rote Beeren

Eberesche oder
Wilde Vogelbeere
(Familie Rosengewächse)

5

5

5

5* • Blüten unscheinbar, violett oder purpurn, in Büscheln
• Früchte geflügelte Nüsse, einsamig, länglich, zugespitzt, in hängenden Rispen

Gemeine Esche
Schon vor der Blattentfaltung blühend, Blüten meist eingeschlechtig
(Familie Ölbaumgewächse)

5*

5*

6 • Blattfläche in sich ungeteilt · · · · ► 8

6* • Blattfläche gebuchtet, gelappt oder gefiedert · · · · · · · · · · · · · · · · ► 7

7 • Blätter gelappt oder gefiedert
- Früchte geflügelte Nüsse

Ahorn (↗ S. 126)
(Gattung mit 7 Arten,
Familie Ahorngewächse)

7 7

Spitz-Ahorn

7* • Blattfläche gebuchtet
- Früchte Nüsse, einzeln in Fruchtbechern

Eiche (↗ S. 126)
(Gattung mit 6 Arten,
Familie Buchengewächse)

7 7

Stiel-Eiche

8 • Blätter eiförmig oder lanzettlich .... ► 9

8* • Blätter dreieckig oder herzförmig, mehr oder weniger zugespitzt .... ► 10

9 • Blätter eiförmig, glänzend
- Blattrand geschweift, anfangs weichhaarig gewimpert
- Früchte Nüsse, dreikantig, rotbraun, 2–3 in Fruchtbechern

Rot-Buche
Pflanze einhäusig, Blüten eingeschlechtig
(Familie Buchengewächse)

9 9

9* • Blätter lanzettlich bis rundlich
- Blattrand kahl
- Früchte Kapseln, Samen mit Haarschopf

9* 9* 9*

Silber-Weide

Weide
Blüten und Früchte in Kätzchen, eingeschlechtig, Pflanze zweihäusig
(Gattung mit 29 Arten, Familie Weidengewächse)

10 • Blätter dreieckig bis rautenförmig, lang zugespitzt

Gemeine Birke oder **Hänge-Birke**
Früchte Nüsschen, beiderseits geflügelt
(Familie Birkengewächse)

10* • Blätter herzförmig, Spitze nur kurz abgesetzt ················ ► 11

11 • Blätter deutlich herzförmig
• Früchte Nüsschen mit Flugblatt

Linde
(Gattung mit 4 Arten, Familie Lindengewächse)

11* • Blätter wenig herzförmig
• Früchte hellbraune Kapseln, Samen mit silberweißen Flughaaren

Pappel
(Gattung mit 7 Arten, Familie Weidengewächse)

9*

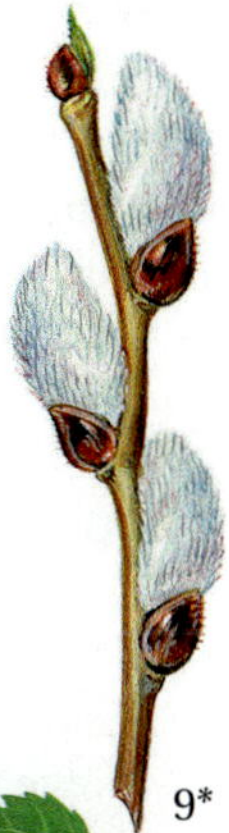
9*

Sal-Weide

10

10

11

11

Sommer-Linde

11*

11*

Schwarz-Pappel

Bestimmungsschlüssel für die Gattungen Eiche und Ahorn

1 • Blattfläche gebuchtet
• Früchte Nüsse, einzeln in Fruchtbechern .... ► 2

1* • Blattfläche gefiedert, meist gelappt
• Früchte geflügelte Nüsse ...... ► 3

2 • Blätter lang gestielt (bis 3 cm), mit keilförmigem Grund
• Größte Blattlappen in Mitte des Blattes
• Früchte fast ungestielt (bis 1 cm) in Trauben

Trauben-Eiche oder **Winter-Eiche**

2

2

2* • Blätter kurz gestielt, mit herzförmig zweilappigem Grund
• Größte Blattlappen an der Spitze des Blattes
• Früchte an langen Stielen (bis 6 cm)

Stiel-Eiche oder **Sommer-Eiche**

2*

2*

3 • Blattfläche gefiedert
• Geflügelte Nüsse doppelt, Flügel spitzwinklig, oft einwärts gekrümmt

Eschen-Ahorn

3* • Blattfläche gelappt, 3–7 Blattlappen, mit runden oder spitzen Blatteinschnitten
• Geflügelte Nüsse doppelt, waagerecht, im stumpfen oder spitzen Winkel .... ► 4

3

3

4 • Blätter mit runden Blatteinschnitten, Blattlappen 5–7, lang zugespitzt, mit spitzen Zähnen
• Geflügelte Nüsse im stumpfen Winkel

Spitz-Ahorn

4

4

4* • Blätter mit spitzen Blatteinschnitten, Blattlappen 5–7, ohne spitze Zähne
• Geflügelte Nüsse im spitzen Winkel oder waagerecht ·············· ► 5

5 • Blattlappen 5, grob gesägt
• Geflügelte Nüsse im spitzen Winkel
• Blätter groß, bis 16 cm

Berg-Ahorn

5

5

5* • Blattlappen 5–7, stumpf, oft ganzrandig
• Geflügelte Nüsse waagerecht
• Blätter klein, bis 10 cm

Feld-Ahorn

5*

5*

Einige Laubbäume im Winter (Auswahl)

1 • Knospen ohne Schuppen, hellbraun, filzig, Endknospe nicht oder wenig größer als die Seitenknospen
• Zweige grau bis violettbraun mit hellen Poren, dornenlos

Faulbaum
Knospen spiralig angeordnet (Familie Kreuzdorngewächse)

1

1* • Knospen mit Schuppen bedeckt
   • Zweige anders ················ ► 2

2 • Knospen gestielt, länglich bis eiförmig, braun bis violett, klebrig

Schwarz-Erle
Zweige kahl, mit hellen Poren, mit Kätzchen und verholzten Zäpfchen (Familie Birkengewächse)

2

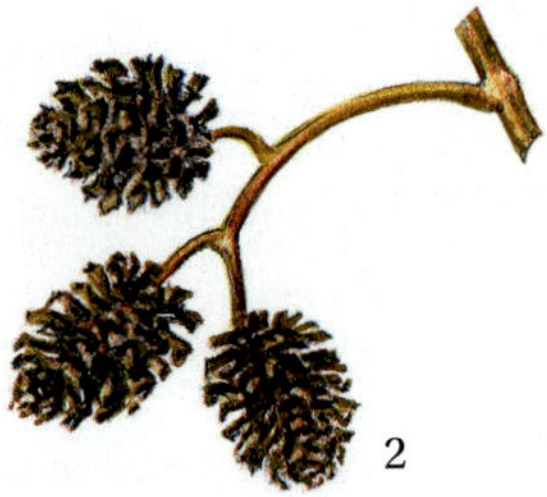
2

2* • Knospen nicht gestielt········· ► 3

3 • Schuppen kahl, glatt und trocken ······················ ► 4

3* • Schuppen harzig, klebrig oder behaart ······················ ► 11

4 • Knospen nur mit einer Knospenschuppe, kapuzenartig umhüllt, gekielt, gelbbräunlich glänzend

Sal-Weide
Knospenschuppe leicht abziehbar, darunter liegen seidige Haare (Familie Weidengewächse)

4

4

4* • Knospen mit mehr als einer Knospenschuppe bedeckt ·········· ► 5

5 • Zweige rutenförmig biegsam··· ► 6

5* • Zweige steif und fest ·········· ► 7

6 • Zweige weiß, von schwarzer Borke unterbrochen, meist mit hellen Wachsdrüsen besetzt, höckerig
   • Knospen klein, eikegelig, spitz, Schuppen graubraun

Gemeine Birke oder
Hänge-Birke
(Familie Birkengewächse)

6* • Zweige dunkelgrünbraun, höckerig, Rinde nach Bittermandelöl riechend
• Knospen spitz, Schuppen schwarzbraun mit hellbraunem Saum

Gewöhnliche Traubenkirsche
(Familie Rosengewächse)

7 • Knospen am Zweigende gehäuft

Eichen (↗ S. 126, 135)
(Familie Buchengewächse)

7* • Knospen am Zweigende nicht gehäuft .... ► 8

8 • Knospen grünlich bis braun
• Nussfrüchte geflügelt.......... ► 9

8* • Knospen dunkelfarbig
• Nussfrüchte auch geflügelt..... ► 10

9 • Nussfrüchte einflügelig

Linden (↗ S. 135)
(Familie Lindengewächse)

9* • Nussfrüchte zweiflügelig

Berg-Ahorn
Knospen gegenständig, 6-schuppig, spitz-eiförmig, gelbgrün, schwarzbraun berandet, größere Endknospe mit Seitenknospen
(Familie Ahorngewächse)

6

6

6*

7

Stiel-Eiche

9

Winter-Linde

9

Winter-Linde

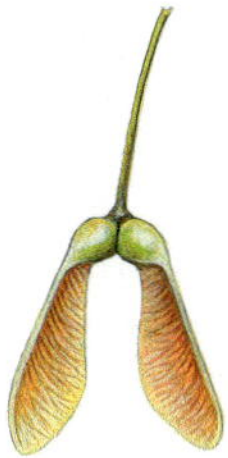
9*

9*

10 • Knospen dunkelrotbraun glänzend
• Nussfrüchte zweiflügelig im stumpfen Winkel

Spitz-Ahorn
Schuppen gekielt
(Familie Ahorngewächse)

10

10

10* • Knospen tiefschwarz, halbkugelig
• Einsamige Nüsschen zungenförmig geflügelt

Gemeine Esche
Knospen gegenständig, zweischuppig, über großen Blattstielnarben, größere Endknospe mit Seitenknospen
(Familie Ölbaumgewächse)

10*

10*

11 • Knospen harzig klebrig ········ ► 12

11* • Knospen behaart ············· ► 13

12 • Knospen kräftig duftend, spitz, Blütenknospen am Zweig verteilt, abstehend zurückgebogen
• Knospen spiralig angeordnet

Schwarz-Pappel
(Familie Weidengewächse)

12

12* • Knospen nicht duftend, über schildförmigen Blattstielnarben, auffallend große Endknospen
• Knospen gegenständig angeordnet

Gemeine Rosskastanie
(Familie Rosskastaniengewächse)

12*

13 • Knospen schwarzviolett, ungefähr 10 mm, weiß behaart, anliegend, vielschuppig
- Knospen spiralig angeordnet
- Zweige aschgrau, rostfarbige Poren

Eberesche oder **Wilde Vogelbeere** (Familie Rosengewächse)

13* • Knospen hellbraun bis zimtfarben, ungefähr 20 mm, zugespitzt, spindelförmig, vielschuppig
- Knospen zweizeilig angeordnet
- Zweige silbergrau mit glatter Borke

Rot-Buche
Blütenknospen dick, silbrig glänzend (Familie Buchengewächse)

13

13*

13*

Einige Stauden und Sträucher im Winter (Auswahl)

1 • Spross kletternd oder windend · ► 2

1* • Spross nicht kletternd oder nicht windend ► 5

2 • Spross windend ► 4

2* • Spross kletternd mit Haftwurzeln oder Haftscheiben ► 3

3 • Kletternd mit Haftwurzeln
- Auch im Winter grüne Blätter
- Früchte schwarze Beeren, **giftig**

Efeu
(Familie Efeugewächse)

3

3

3* • Kletternd mit Haftscheiben an den Blattranken
• Im Winter ohne Blätter
• Früchte dunkelblaue Beeren

Fünfblättrige Zaunrebe oder **Wilder Wein**
Blattnarbe groß, fast kreisförmig
(Familie Weinrebengewächse)

3*

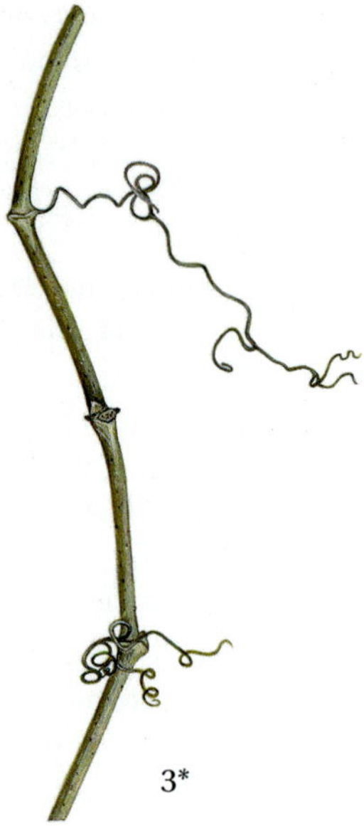
3*

4 • Stängel verholzt, linkswindend, glatt, mit dicht wollig behaarten, mehrschuppigen Knospen
• Früchte mit Flugeinrichtung

Gemeine Waldrebe oder **Weiße Waldrebe**
Blattstiele bleiben als Ranken nach Laubfall erhalten
(Familie Hahnenfußgewächse)

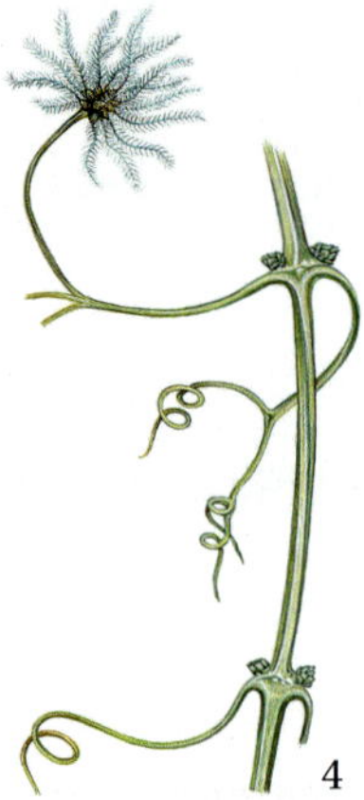
4

4* • Stängel nicht verholzt, rechtswindend, mit kleinen hakigen Borsten
• Früchte in zapfenförmigen Fruchtständen

Gemeiner Hopfen
(Familie Hanfgewächse)

4* ♀

5 • Äste und Zweige ohne Dornen ··· ► 6

5* • Äste und Zweige mit Dornen··· ► 11

6 • Knospen mit kleinen Stielchen, eikugelförmig, braun, behaart

Gemeine Haselnuss
Zweige oft mit männlichen Kätzchen
(Familie Haselgewächse)

6

6* • Knospen nicht gestielt, sitzend ▸ 7

7 • Knospen scheinbar ohne Schuppen, grünlich bis bräunlich, violett, kahl
• Zweige gelblich grau bis hellgrau mit rostfarbenen Warzendrüsen und schneeweißem Mark

Schwarzer Holunder
Endknospe einzeln
(Familie Geißblattgewächse)

7* • Knospen mit Schuppen bedeckt, kahl, bewimpert oder behaart
• Zweige andersfarbig ▸ 8

8 • Knospen behaart oder bewimpert ▸ 9

8* • Knospen kahl ▸ 10

9 • Knospen gleichförmig schmal, kegelig, angedrückt, behaart
• Zweige blutrot bis violett

Blutroter Hartriegel oder **Gemeiner Hartriegel**
Endknospe einzeln
(Familie Hartriegelgewächse)

9* • Knospen lang kegelförmig, spitz, seidig bewimpert, grün bis rotbraun
• Zweige grün bis grau mit wenigen großen bräunlichen Poren

Liguster
Oft noch mit grünen bis violetten lanzettlichen Blättern
(Familie Ölbaumgewächse)

7

9

9*

10 • Knospen spitz und dick, mit grünen bis braunen Schuppen bedeckt, am Rücken scharf gekielt
• Zweige glatt, grün bis braungrau

Flieder
oft 2 Endknospen
(Familie Ölbaumgewächse)

10* • Knospen länglich spitz, hellbraun bis ockerfarben
• Zweige durch Korkleisten kantig, braun, mit Warzen

Forsythia
Endknospen einzeln
(Familie Ölbaumgewächse)

10

10*

11 • Zweige graubraun bis schwarz, jung oft flaumig behaart
• Meist 3 kleine Knospen über einer Blattnarbe, halbkugelig, hellbraun
• Dornen schwarzgrau bis schwarz

Schwarzdorn oder **Schlehe**
(Familie Rosengewächse)

11

11

11* • Zweige graugrün bis bräunlich, oft rötlich überlaufen, glänzend und glatt, kahl
• Knospen klein, rundlich, einzeln oder zu zweit neben den Dornen, rötlich, braun bis rotbraun
• Dornen glänzend graugrün bis rotbraun

Eingriffliger Weißdorn
(Familie Rosengewächse)

11*

Bestimmungsschlüssel für die Gattung Linde (im Winter)

1
- Nussfrucht geflügelt, 5-kantig mit Längsrippen, dickschalig, nicht zerdrückbar, holzig
- Junge Zweige etwas behaart, braun bis dunkelrotbraun
- Knospen grünbraun bis rotbraun, meist behaart

Sommer-Linde

1*
- Nussfrucht geflügelt, schwach kantig und dünnschalig, zerdrückbar, ledrig, birnenförmig
- Junge Zweige kahl, grüngelb bis rotbraun, glänzend, dunkle Poren
- Knospen olivgrün bis rötlich, klein

Winter-Linde

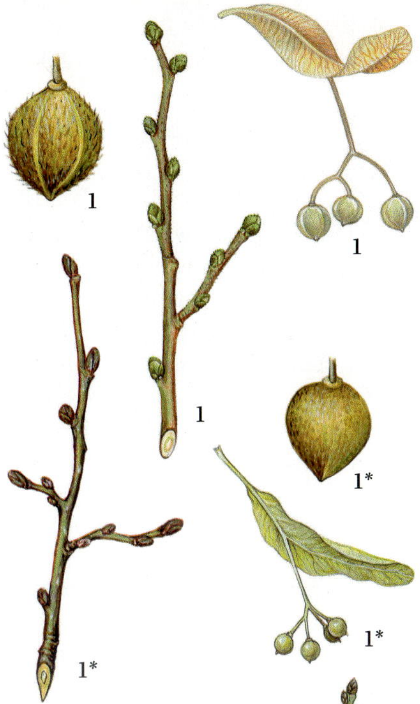

Bestimmungsschlüssel für die Gattung Eiche (im Winter)

1
- Knospen rundlich, vielschuppig, schwach fünfkantig, hellbraun, wenig bewimpert
- Früchte an langen Stielen

Stiel-Eiche/Sommer-Eiche

1*
- Knospen vielschuppig, fünfkantig, zugespitzt, gelblich braun mit grauer Spitze, stark bewimpert
- Früchte fast ungestielt in Trauben

Trauben-Eiche/Winter-Eiche

6 Ausgewählte Moose, Farnpflanzen und Flechten

6.1 Ausgewählte Moose

Die Erde wird von etwa 25 000 Moosarten besiedelt. Moose sind vorwiegend Landbewohner und besiedeln als dichte **Moospolster** oder lockere Moosrasen meist feuchte Standorte, z. B. Wald- und Ackerböden, Moore, Wiesen, Mauern, Baumrinden, Bachufer.

Man unterscheidet Laub- und Lebermoose.

Die **Laubmoose** sind klein, in Stämmchen, Blättchen und wurzelähnliche Fäden (Rhizoide) gegliederte Pflanzen. Jeder Teil der Moospflanze erfüllt bestimmte Aufgaben.

Die **Lebermoose** sind in ihrer Gestalt unterschiedlich. Viele Lebermoose besitzen einen flächenförmigen, oft gelappten Körper (Thallus), andere sind in Stängel (unverzweigt, verzweigt) und Blättchen (diese haben keine Blattrippen) gegliedert.

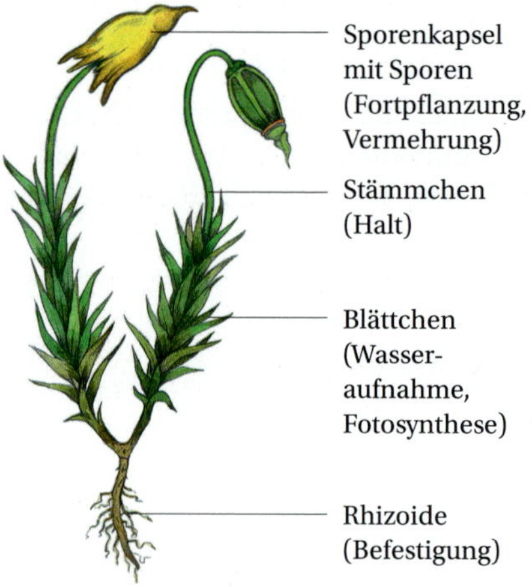

Widertonmoos

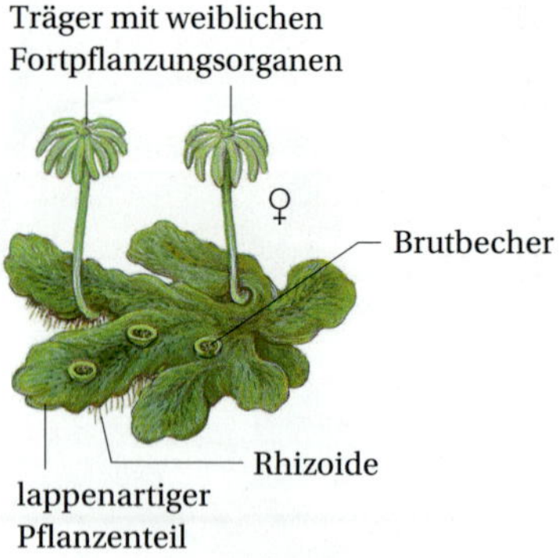

Brunnenlebermoos

Muschellebermoos

Einige Moose (Auswahl)

Wald-Bürstenmoos oder **Goldenes Frauenhaar** oder **Widertonmoos**

Die Pflanze hat 10–40 cm lange aufrechte, meist unverzweigte *Stämmchen,* die einen lockeren *dunkel- bis blaugrünen Rasen* bilden. Die 8–12 mm langen lineallanzettlichen *Blättchen* sind spiralig angeordnet. Sie besitzen am Grunde einen hellen Scheidenteil und eine braune Spitze. Am Rande sind sie scharf gezähnt. Die vierkantige gelb- bis rotbraun gefärbte *Sporenkapsel* sitzt auf einem 6–12 cm langen, gelbroten Stiel. Sie wird von einem flachen Deckel mit kurzem Schnabel geschlossen. Eine goldgelbe Haube bedeckt die ganze Kapsel.
Vorkommen: verbreitet, auf feuchten Wald- und Heideböden; bevorzugt sauren Boden

Spitzblättriges Torfmoos

Die Pflanze hat bis zu 10 cm lange, kräftige und aufrechte *Stämmchen,* die im unteren Bereich quirlig verzweigt sind und eine schopfige Spitze besitzen. Sie bilden ein *schwammig weiches, meist blassgrünes bis rotviolettes Polster.* Die *Blättchen* sind spiralig und dachziegelartig an spitzen Ästchen angeordnet. Die kugelige, schwarzbraune *Sporenkapsel* sitzt auf einem 1 cm langen Stiel, der aus dem Schopf bzw. aus den ersten Quirlen des Stämmchen entspringt.
Vorkommen: häufig, in schattigen und feuchten Nadelwäldern, Mooren und Bruchwäldern; bevorzugt sauren Boden, nach dem Absterben in den Mooren torfbildend

Weißmoos (Ordenskissen) oder **Weißgrünes Polstermoos**

Die Pflanze hat 5–15 cm lange aufrechte, gabelig bis büschelig verzweigte *Stämmchen*, die fast halbkugelige *dichte weißgrüne Polster* bilden. Die 3–5 mm langen, lanzettlichen und an der Spitze röhrigen *Blättchen* sind spiralig angeordnet. Sie sind einseitswendig, am Grunde eiförmig und lang.
Die sehr kleine (bis 2 mm) dunkelbraun glänzende *Sporenkapsel* sitzt auf einem purpurroten 3–7 cm langen Stiel. Sie hat eine kappenartige, lang geschnäbelte Haube, ist länglich gekrümmt und hat 8 Längsstreifen.
Vorkommen: häufig, in feuchten Laubmisch- und Fichtenwäldern; bevorzugt sauren Boden

Breitblättriges Sternmoos

Die Pflanze bildet aus 4–8 cm langen, meist niederliegenden grünen und *unfruchtbaren (sterilen) Stämmchen*, die am Grunde rostfarben und filzig sind, einen *lockeren Rasen*. Diese Stämmchen besitzen breit eiförmige *Blättchen*, die meist zweireihig angeordnet sind. Sie sind ganzrandig oder wenig gezähnt und besitzen eine breite grüne Blattrippe.
Die *fruchtbaren Stämmchen* sind aufrecht, tragen einen Schopf von Blättchen, aus deren Mitte meist mehrere *rötliche Sporenträger* mit je einer eiförmigen, gelblichen *Sporenkapsel* entspringen.
Vorkommen: verbreitet, an feuchten und schattigen Stellen in Wäldern, Sümpfen, an Bächen

Wellenblättriges Katharinenmoos oder **Wellenblättriges Kahlmützenmoos**

Die Pflanze hat aufrechte, 2–8 cm lange, meist unverzweigte *Stämmchen*, die ein *lockeres dunkelgrünes Polster* bilden. Die spiralig angeordneten *Blättchen* sind 5–8 mm lang. Die oberen Blättchen sind schmal, zungenförmig und zugespitzt, mit deutlich welligem, scharf gesägtem Blattrand.
Die zylindrische, 4–5 mm lange rotbraune *Sporenkapsel* sitzt auf einem 2–5 cm langen roten Stiel. Sie ist schwach geneigt und besitzt einen lang geschnäbelten Deckel. Die Haube bedeckt nur den Deckel.
Vorkommen: verbreitet, in Laubmischwäldern, an Wegrändern, in Wiesen; auf schwach basischen bis sauren lehmigen Boden

Wetteranzeigendes Drehmoos

Die Pflanze hat kurze (1–2 cm), meist unverzweigte oder gabelig verzweigte *Stämmchen*, die ein dichtes, *hellgrünes*, oft sehr *großflächiges Polster* bilden. Die länglich eiförmigen *Blättchen* sind spiralig angeordnet.
Aus der Spitze des Stämmchens entspringt ein gelblicher, schwanenhalsartig gekrümmter und verdrehter, 3–5 cm langer Stiel, der eine schief birnenförmige, geneigte oder hängende, gelblich bis rote, längs gefurchte *Sporenkapsel* trägt. Die Kapselstiele sind hygroskopisch. Im trockenen Zustand sind sie zusammengerollt. Bei größerer Feuchtigkeit drehen sich die Stiele auf.
Vorkommen: häufig, an Mauern, in Pflasterritzen, auf alten Feuerstellen im Wald, auf Schuttplätzen

Bäumchenförmiges Rosenmoos oder **Rosen-Sternmoos**

Die Pflanze hat aufrechte, bis zu 7 cm hohe *Stämmchen,* die ein *lockeres Polster* bilden. Feucht sind sie grün, trocken jedoch schwarzgrün und kraus. Die Stämmchen entspringen unterirdischen Ausläufern. Im unteren Teil sind sie mit schuppenförmigen Blättchen bedeckt. Am oberen Teil besitzen sie eine Blattrosette.

Die *Rosettenblättchen* sind groß, ei- bis spatelförmig und zugespitzt. Der Blattrand ist oben scharf gezähnt.

Aus der Rosette werden oft mehrere purpurrote Stiele mit einer länglichen, etwas gekrümmten, bräunlichen Sporenkapsel gebildet.

Vorkommen: weit verbreitet, auf Wiesen, feuchten Waldböden, erdbedeckten Steinen

Zweizahnlebermoos oder **Zweizähniges Kammkelchmoos**

Die zarten, 2–5 cm langen, hellgrünen Pflanzen besitzen einen dünnen, meist verzweigten *Stängel* und liegen dem Boden auf. Die *Blätter* sind am Stängel fast zweizeilig angeordnet. Durch eine halbmondförmige Ausrandung sind sie zweilappig bzw. zweizipfelig.

Diese zweihäusige Pflanze bildet selten Sporenkapseln aus. Diese sind fast kugelig und stehen auf bräunlichen, kurzen Stielen.

Vorkommen: weit verbreitet, auf Waldböden, Wiesen, an Wegrändern, Gräben, im Wald, ist oft zwischen anderen Moosen zu finden

Brunnenlebermoos

Die Pflanzen bestehen aus 1–2 cm breiten und 5–20 cm langen *dunkelgrünen Lappen* (Thallus), die gabelig verzweigt, gefeldert und am Rande oft gewellt sind.
Auf der Oberseite des Thallus befinden sich häufig *Brutbecher* zur ungeschlechtlichen Fortpflanzung und Vermehrung. An der Thallusunterseite sitzen zahlreiche Rhizoiden zum Festhaften an der Unterlage.
Die weiblichen *Geschlechtsorgane* sitzen in gestielten, schirmgestellartigen Trägern. Die gestielten Träger für die männlichen Geschlechtsorgane sind achtlappige, schildförmige Scheiben.
Vorkommen: verbreitet, an Bachrändern, Mauern, in Sumpfwiesen, auf Ruderalstellen

Muschellebermoos oder **Großes Schiefmundmoos** oder **Gelbbeutelmoos**

Die Pflanze hat 5–20 cm lange reich verzweigte, kriechende oder aufsteigende *Stängel*, die einen *lockeren gelblichen* bis *dunkelgrünen Rasen* bilden.
Die von den kriechenden Stängeln aufsteigenden *Stängelteile* sind 5–10 cm lang, meist unverzweigt oder gegabelt. Sie besitzen zweiseitig angeordnete, schräg gestellte, ovale, durch das Umrollen des Blattrandes muschelförmig aussehende *Blättchen*.
Aus der Spitze des aufsteigenden Stängels entspringt aus einer kelchförmigen Hülle ein 1–2 cm langer heller Stiel, auf dem eine kugelige bis eiförmige, mit 4 Klappen aufspringende braune *Sporenkapsel* sitzt
Vorkommen: verbreitet, auf Waldböden, am Wurzelansatz von Bäumen

6.2 Ausgewählte Farnpflanzen

Die **Farnpflanzen** sind über alle Klimazonen verbreitet. Sie variieren in ihrer Größe (z.B. Baumfarne). Es gibt etwa 12 000 Arten.
Alle Farnpflanzen vermehren sich über **Sporen**, die in Sporenkapseln (Sporangien) gebildet werden.
Zu den Farnpflanzen gehören die Farne, Bärlappgewächse und Schachtelhalmgewächse.

Die **Farne** sind in Sprossachse, Blätter (Wedel) und Wurzel gegliederte, meist krautige grüne Pflanzen.
Auf der Unterseite der gefiederten Blätter (Wedel) sind meistens häufchenweise angeordnet Sporenkapseln mit Sporen (Sori).

Wurmfarn

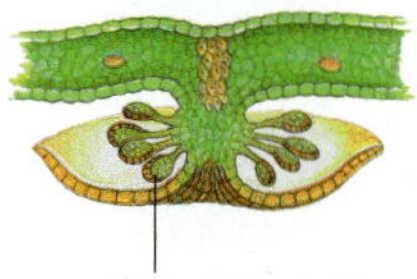

Die **Schachtelhalmgewächse** sind meist krautige Pflanzen mit aufrechten hohlen Sprossachsen, die aus ineinandergeschalteten Abschnitten bestehen. Die Blätter sind zurückgebildet, meist quirlständig und zu gezähnten Scheiden verwachsen.
Die Sporenkapseln befinden sich in endständigen „Sporenähren“.

Wiesen-Schachtelhalm

Die **Bärlappgewächse** sind klein, immergrün, besitzen eine dünne, meist kriechende, gabelig verzweigte Sprossachse, an der kleine, schmale, spitze Laubblätter, meist spiralig angeordnet, sitzen.
Zur Fortpflanzung werden „Sporenähren“ ausgebildet.

Sprossender Bärlapp

Einige Farne (Auswahl)

Adlerfarn

Größte einheimische Art, wird 50–200 cm hoch. Die *Blätter (Wedel)* entwickeln sich einzeln aus dem Wurzelstock (Rhizom). Sie sind im Umriss dreieckig, sehr groß, steif und derb, hellgrün, kaum behaart, 3- bis 4-fach gefiedert und an der Spitze bogig überhängend.

Die *Fiederblättchen* der letzten Ordnung sind schmal und länglich, ganzrandig. Die *Sporenkapselhäufchen* sind in einer zusammenhängenden Linie längs des umgeschlagenen Randes angeordnet. Die Gefäßbündel des grundnahen Stiels zeigen im Querschnitt das ungefähre Bild eines Doppeladlers.

Vorkommen: meist bestandsbildend in Wäldern, an Waldrändern; bevorzugt sauren, sandigen Boden

Gemeiner Tüpfelfarn oder Engelsüß

Pflanze ist 10–50 cm hoch mit einzeln am Wurzelstock erscheinenden 1-fach gefiederten *Blättern (Wedel)*. Diese sind im Umriss schmal dreieckig, tief fiederteilig, lederartig fest, kahl, Oberseite kräftig grün, Unterseite heller. Die *Fiederblättchen* sind länglich, ganzrandig oder schwach gesägt, am Grunde verbreitert. Die *Sporenkapseln* sind auf der Blattunterseite in großen, runden Häufchen in 2 Reihen angelegt. Der Wurzelstock kriecht oft an der Bodenoberfläche. Er schmeckt deutlich süß („Engelsüß“).

Vorkommen: häufig, in Laubmischwäldern, auch an schattigen Mauern

Königs-Rispenfarn oder Königsfarn

Pflanze wird 50–160 cm hoch, besitzt unterschiedliche *Blätter (Wedel)*. Die einen sind im Umriss oval bis länglich eiförmig, sehr groß, kahl, zartwandig, hellgrün und 2-fach gefiedert. Die *Fiederblättchen* des oberen Blattabschnittes bzw. ganze Blätter (Wedel) bilden sich zu rispenartig umgestalteten *Sporenkapselträgern* um, indem die Fiederblattspreiten schwinden und nur die mit Sporenkapselhäufchen bedeckten Blattnerven erhalten bleiben.
Vorkommen: verstreut, in feuchten, schattigen Wäldern, Bruchwäldern, Heiden, Moorwäldern und Sumpfgebüschen; bevorzugt sauren Boden; steht unter **Naturschutz**

Gemeiner Frauenfarn oder Wald-Frauenfarn

Pflanze wird 30 – 100 cm hoch mit mehreren in einer Rosette angeordneten aufrechten oder bogig überhängenden lang gestielten *Blättern (Wedeln)*. Diese sind im Umriss länglich elliptisch, zugespitzt, gelblich grün bis hellgrün, 2- bis 3-fach gefiedert.
Die *Fiederblätter* (1. Ordnung) sind wechselständig an der Blattspindel angeordnet, laufen in eine feine Spitze aus. Die Fiederblättchen (2. Ordnung) sitzen auf der Fiederachse, sie sind weiter tief fiederspaltig (3. Ordnung).
Die großen länglichen, haken-, komma- oder hufeisenförmig gebogenen *Sporenkapselhäufchen* sind auf der Unterseite der Fiederblättchen in 2 Reihen angeordnet.
Vorkommen: häufig, in krautreichen, feuchten Laub- und Nadelwäldern

Gemeiner Wurmfarn

Die Pflanze wird bis zu 120 cm hoch. Sie besitzt am Wurzelstock in Rosetten angebrachte *Blätter (Wedel)*. Diese sind im Umriss breit lanzettlich, gelbgrün bis dunkelgrün, ziemlich derb, meist 2-fach gefiedert. Der kurze Blattstiel und die Blattspindel sind mit Spreuschuppen besetzt.
Die *Fiederblättchen* 1. Ordnung sind wechselständig an der Blattspindel angeordnet. Die Fiederblättchen 2. Ordnung sind meist am Grunde miteinander verwachsen, elliptisch, kerbig bis grob gezähnt. Die großen rundlichen bis nierenförmigen *Sporenkapselhäufchen* sind in 2 Reihen auf der Unterseite jedes Fiederblättchens angeordnet.
Vorkommen: weit verbreitet und häufig in krautreichen Wäldern; bevorzugt nährstoffreichen Boden

Braunstieliger Streifenfarn oder **Brauner Streifenfarn**

Es ist eine zierliche Pflanze mit 10–30 cm langen *Blättern (Wedeln)*, die im Büschel am gestauchten Wurzelstock stehen. Sie sind nur einfach gefiedert. Der kurze, feste Blattstiel und die Blattspindel sind rotbraun bis schwarzbraun glänzend.
Die grau- bis dunkelgrünen *Fiederblättchen* sind gegenständig angeordnet, oval bis rundlich, sehr kurz gestielt, nur grob gekerbt.
Auf der Fiederblättchenunterseite befinden sich längliche, streifenförmige *Sporenkapselhäufchen*, die fast bis zum Blattrand reichen.
Vorkommen: verbreitet, besiedelt Mauern und Felsen

Mauerraute oder **Mauer-Streifenfarn**

Die Pflanze besitzt 5–20 cm lange, in Büscheln stehende, derbe, grau- bis dunkelgrüne, biegsame *Blätter (Wedel)*, deren Blattstiel am Grunde braun ist. Die Blätter sind im Umriss dreieckig bis rhombisch, 2- bis 3-fach gefiedert.

Die *Fiederblätter* 1. Ordnung sitzen beidseitig an der Blattspindel. Die Endfiederblättchen (2. und 3. Ordnung) sind rhombenförmig, am Grunde keilförmig verschmälert, vorne fein gekerbt oder gezähnt.

Auf der Unterseite der Fiederblättchen befinden sich längliche, schmale oder streifenförmige *Sporenkapselhäufchen*.

Vorkommen: verbreitet und häufig, besiedelt Mauern und Felsen; bevorzugt kalkhaltigen Untergrund

Hirschzunge oder **Hirsch-Streifenfarn**

Die Pflanze wird 15–50 cm hoch. Die *Blätter (Wedel)* stehen in Büscheln, sind kurz gestielt und meist aufrecht stehend. Sie sind hell- bis dunkelgrün, lederartig und glänzend, besitzen eine ungeteilte zungenförmige, vorne verschmälerte ganzrandige Blattspreite.

Die linealischen *Sporenkapselhäufchen* auf der Unterseite der Blattspreite sind in schmalen, oft unterschiedlich langen Streifen entlang der Seitennerven angeordnet.

Vorkommen: nicht häufig, in schattigen Schluchtwäldern mit Ahorn und Esche; bevorzugt kalkhaltigen Boden, an Felsen, schattigen Mauern; bevorzugt kalkhaltigen Untergrund, **geschützt**

Einige Schachtelhalme (Auswahl)

Acker-Schachtelhalm (Zinnkraut)

Die Pflanze wird bis 50 cm hoch. Die *fruchtbaren (fertilen) Stängel* sind gelblich braun bis rötlich braun, unverzweigt und aufrecht, schwach gefurcht. Sie werden von meist 5 aufeinanderfolgenden Scheiden mit 6–16 dunkelbraunen lanzettlich spitzen Zähnen gegliedert. Am Ende befindet sich eine 2 bis 3,5 cm lange, nach oben zugespitzte „Sporenähre“, in der sich die Sporenkapseln befinden. Die im Sommer erscheinenden *unfruchtbaren Stängel* sind meist aufrecht, kräftig grün, deutlich gerippt, schachtelartig gegliedert. Sie treiben an den Stängelknoten raue, quirlständig angeordnete 4- bis 5-kantige Äste aus.
Vorkommen: häufig, auf Äckern, an Wegrändern, an Gräben

Wald-Schachtelhalm

Die Pflanze wird bis zu 50 cm hoch. Die *unfruchtbaren (sterilen) Stängel* sind aufrecht, deutlich gerippt, wirken zartgliederig. An den Stängelknoten entwickeln sich unterhalb der 2,5 cm langen und gelappten Scheiden quirlständig angeordnete zartgliedrige hellgrüne Äste. Die Äste sind noch ein- bis zweimal quirlig verzweigt, dünn und hängen bogig nach unten. Die *fruchtbaren (fertilen) Stängel* tragen am Ende eine kegelförmige „Sporenähre“, in der sich die Sporenkapseln befinden. Nach der Sporenreife ergrünen die Stängel und bilden ebenfalls an den Knoten hellgrüne Äste.
Vorkommen: verbreitet, in schattigen und feuchten Wäldern

Wiesen-Schachtelhalm

Die Pflanze wird 15–40 cm hoch. Die *unfruchtbaren (sterilen) Stängel* sind aufrecht, kräftig grün und deutlich gerippt. An jedem Knoten befindet sich eine etwa 1 cm lange bläuliche grüne Scheide mit zahlreichen Zähnen sowie ein meist unverzweigter Astquirl, der absteht oder leicht überhängt.
Die *fruchtbaren (fertilen) Stängel* besitzen trichterförmige, etwa 1,5 cm lange Scheiden, die am Ende die „Sporenähre“ tragen, in der sich die Sporenkapseln befinden.
Nach der Sporenreife werden an den Knoten ebenfalls quirlständig angeordnete Äste ausgebildet.
Vorkommen: zerstreut, an feuchten, schattigen Waldrändern, auf Wiesen

Teich-Schachtelhalm

Die Pflanze wird bis zu 150 cm hoch. Sie bildet *unfruchtbare (sterile)* und *fruchtbare (fertile) Stängel* aus, die gleich gestaltet sind. Die Stängel sind aufrecht, ziemlich glatt, nur leicht gerillt, nur wenig weißlich längsstreifig, oft rund und röhrig, astlos oder mit zahlreichen Astquirlen versehen. Zwischen den Scheiden sind lange Zwischenglieder. Die Stängelscheiden sind eng anliegend, grün, mit 15–30 schwarzen, weißhäutig berandeten Zähnchen.
Die *fruchtbaren Stängel* tragen am Ende eine kurz gestielte und kegelförmige „Sporenähre“, in der sich die Sporenkapseln befinden.
Vorkommen: verbreitet, in Röhrichten, in Verlandungszonen von Sumpf- und Teichufern, in Gräben

Einige Bärlappe (Auswahl)

Keulen-Bärlapp

Die rundlichen über 1 m langen Hauptstängel kriechen am Boden. Sie sind dicht von anliegenden kleinen spitzen, spiralig angeordneten *Blättern* besetzt. Die kleinen Blätter besitzen an ihrer Spitze ein langes weißes, borstenförmiges Haar. Die Hauptstängel verzweigen sich in niederliegende und aufsteigende Äste. Auf den Ästen bilden sich dünne, nur wenig beblätterte, etwa 10–20 cm lange Stiele, die meist 2 (auch 1 und mehr als 2) keulenförmige, grüngelbliche „Sporenähren“ tragen. Diese enthalten die Sporenkapseln mit Sporen.
Vorkommen: verbreitet, auf trockenen Wiesen, in Wäldern und Heiden, bevorzugt trockene und saure Standorte, **geschützt**

Sprossender Bärlapp

Die 1–3 m langen *Hauptstängel* kriechen am Boden. Sie besitzen viele gegabelte, bis 30 cm aufsteigende beblätterte Äste.
Die grünen *Blätter* sind lineallanzettlich, etwas steif und enden in einer stechenden Spitze. Sie sind meist 5-reihig an den Stängeln angeordnet, von den Stängeln etwas abstehend oder zurückgebogen. An den Enden der Äste entstehen meist ungestielte, einzeln stehende, etwa 4 cm lange erst gelbliche, dann bräunliche „Sporenähren“, die die Sporenkapseln mit Sporen enthalten.
Vorkommen: zerstreut, schattige Nadel- und Laubwälder (z.B. Mittelgebirge, Alpen), bevorzugt humusreiche Standorte, **geschützt**

6.3 Ausgewählte Flechten

Flechten sind auf der ganzen Erde verbreitet. Sie sind schwer zu unterscheiden und zu bestimmen. Flechten sind sehr anspruchslos. Sie kommen am Nordrand der Tundren, in der Antarktis, im Hochgebirge (bis 5 000 m Höhe), in Wüsten und Halbwüsten, in den Tropen sowie in unserer gemäßigten Klimazone vor.
Flechten bestehen aus einem *Pilzgeflecht (Myzel)* und aus einzelligen *Grünalgen* bzw. *Cyanobakterien* („Blaualgen"). Das Zusammenleben dieser Organismen ist sehr eng, eine **Symbiose**. Sie stellen eine mophologische, physiologische und ökologische Einheit dar, einen gemeinsamen Organismus. Deshalb werden Flechten als eigene Gruppe betrachtet.

Das Pilzmyzel erhält organische Stoffe, gibt der Flechte Form und Gestalt, bildet das Gerüst der Flechte.
Grünalgen bzw. *Cyanobakterien* erhalten Kohlenstoffdioxid, Wasser und Mineralstoffe.

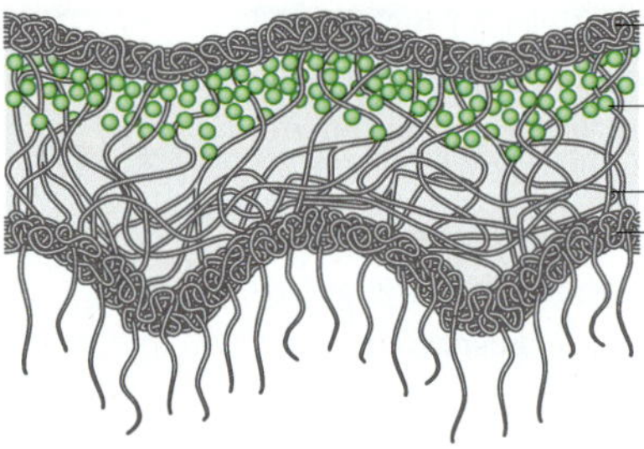

Nach ihrer Gestalt oder Wuchsform kann man die Flechten in Krusten-, Blatt- und Strauchflechten einteilen.

Krustenflechten

Körper (*Thallus*) flach, wenig gegliedert, liegt fest auf der Unterlage, wird beim Ablösen beschädigt

Blattflechten

Körper (*Thallus*) oft lappenartig, locker der Unterlage anliegend, besitzen Ober-, Unterseite, mit feinen Haftorganen an Unterlage angeheftet

Strauchflechten

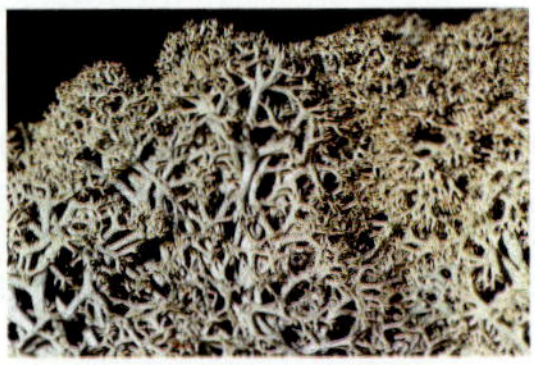

Körper (*Thallus*) stark verzweigt, Lappen oft bandförmig oder fadenförmig, mit Grundfläche oder Haftorganen an Unterlage befestigt

Einige Flechten (Auswahl)

Wand-Gelbflechte *(Xanthoria parietina; Blattflechte, Familie Gelbflechten)*

Sie besitzt einen bis zu 10 cm breiten goldgelben bis orangegelben rosettenartigen Körper *(Thallus)*. In der Mitte des Thallus sind zahlreiche schüsselförmige *Fruchtkörper* mit krausem Rand und dunkelgelber Scheibe, in denen sich die Sporen befinden.
Vorkommen: verbreitet, an Mauern und Felsen, auf Holz, an Rinden von Bäumen, alten Bretterzäunen

Pflaumenflechte *(Everia prunastri; Strauchflechte, Familie Bartflechten)*

Sie besitzt einen bis zu 10 cm hohen bandförmigen bis strauchartigen aufrechten oder hängenden, gabelästigen Körper *(Thallus)*. Dieser ist auf der Oberseite grau- bis gelbgrün, auf der Unterseite weißlich. An der Unterlage ist er mit Haftscheiben befestigt.
Vorkommen: verbreitet, auf Sträuchern, an Bäumen, auf altem Holz

Landkartenflechte *(Rhizocarpon geographicum; Krustenflechte, Familie Napfflechten)*

Sie besitzt einen gelbgrünen bis intensiv gelb gefärbten Körper *(Thallus)*, der durch Risse in kleine (bis 2 mm große) Felder aufgeteilt ist. Zwischen den meist schwarz gesäumten gelblichen Thallusfeldern und in ihnen befinden sich eingesenkt zahlreiche schwarze rundliche *Fruchtkörper*, die Sporen enthalten.
Vorkommen: weit verbreitet, auf kieselhaltigen Gesteinsblöcken und Felsen

Rinden-Kuchenflechte *(Lecanora conizaeoides; Krustenflechte, Familie Kuchenflechten)*

Sie besitzt einen krustenförmigen, graugrünen, dicken Körper *(Thallus)*, der oft großflächige Überzüge bildet. Der *Thallus* ist in körnige Felder „zerklüftet“. Die *Fruchtkörper* sind grünlich mit dicken graugrünen bis bräunlichen Rändern.
Vorkommen: weit verbreitet, auf Bäumen, auf Holz (als eine der häufigsten „Rindenflechten“ ist sie ein Bioindikator in den Städten und Industrieregionen)

Einseitswendige Rentierflechte *(Cladonia arbuscula oder C.sylvatica; Strauchflechte, Familie Strauchflechten)*

Sie besitzt einen bis zu 6 cm hohen strauchförmigen, gelbgrünen bis weißlich grauen Körper *(Thallus)*. Die Verzweigungen des *Thallus* sind sehr dicht stehend, nach einer Seite gebogen (einseitswendig) und an den bräunlichen Spitzen meist 3- bis 4-fach geteilt. Besonders die Spitzen schmecken bitter.
Vorkommen: verbreitet, in Heiden, Mooren, Wäldern, auf Rasen

Islandflechte oder **„Isländisches Moos“** (Cetraria islandica; Strauchflechte, Familie Moosflechten)

Sie besitzt einen bis zu 8 cm hohen strauchförmigen Körper *(Thallus)*, dessen Verzweigungen reichästig und meist regelmäßig gegabelt sind.
Vorkommen: in Heiden, Mooren, Kiefernwäldern

Graue Staubflechte *(Lepraria incana-Gruppe; Krustenflechte, Familie Krustenflechten)*

Sie besitzt einen blaugrauen bis gelbgrünen, eng an der Unterlage anliegenden Körper (*Thallus*). Oft werden von ihr große Flächen krustenartig überzogen.
Vorkommen: verbreitet, auf Rinden von Bäumen

Bartflechte *(Usnea; Strauchflechte, Familie Bartflechten)*

Der Körper *(Thallus)* besteht aus bis zu 50 cm langen, vielfach verzweigten, fadenförmigen graugrünen Ästen, die mit zahlreichen verschieden langen Fasern besetzt sind. Die schild- bis scheibenförmigen *Fruchtkörper* werden selten ausgebildet.
Vorkommen: verbreitet, hängend an Laub- und Nadelbäumen im Hügelland und Gebirge

Scharlachrote Becherflechte *(Cladonia coccifera; Strauchflechte, Familie Strauchflechten)*

Der Körper *(Thallus)* besteht aus wenige Millimeter breiten dünnen Läppchen. Aus ihnen erheben sich 1–5 cm hohe, grau- oder olivgrüne Stielchen, die glatt bis schuppig sind. Am Ende besitzen sie breite Becher, die mit scharlachroten *Fruchtkörpern* besetzt sind.
Vorkommen: verbreitet, Sand- und Heideböden, bis ins Gebirge

7 Pflanzen in Ökosystemen

7.1 Pflanzen in der Krautschicht des Laubmischwaldes

Laubmischwälder gehören zu den artenreichen Ökosystemen unserer Landschaft. Pflanzen und Tiere leben in ihnen in verschiedenen Schichten. Die Krautschicht zeigt im Laufe des Jahres sehr deutlich ein unterschiedliches Aussehen, das durch die Pflanzengemeinschaft bestimmt ist.

Im Frühling, wenn Bäume und Sträucher noch unbelaubt sind, überzieht den Waldboden die bunte Vielfalt der Frühlingsblüher, die mit den ersten wärmenden Sonnenstrahlen aus ihren unterirdischen Speicherorganen auskeimen, wachsen und rasch zur Blüte gelangen.

Nach dem Austreiben des Laubes an Bäumen und Sträuchern kann in Abhängigkeit vom Kronenschluss nur noch wenig Licht auf den Boden gelangen.

Jetzt entwickeln sich schattenliebende Sommerblüher, die besonders an Stellen mit Lichtflecken im Wald günstige Lebensbedingungen finden und auf den nährstoffreichen, feuchten Waldböden zu üppigen Stauden heranwachsen können.

Ihre Früchte reifen, wenn sich im Spätsommer und Frühherbst das dichte Laubdach über ihnen wieder langsam lichtet.

Für die Bestimmung von Pflanzen in einem Laubmischwald werden 2 Bestimmungsschlüssel angegeben:

Bestimmungsschlüssel A
Pflanzen mit parallel verlaufenden Blattnerven (Einkeimblättrige Pflanzen)

Bestimmungsschlüssel B
Pflanzen mit fiederförmig oder fingerförmig verlaufenden Blattnerven (Zweikeimblättrige Pflanzen)

Bestimmungsschlüssel A – Pflanzen mit parallel verlaufenden Blattnerven (Einkeimblättrige Pflanzen)

1 • Pflanze mit schmalen, grasartigen Blättern ► 2

1* • Pflanze mit breiteren, nicht grasartigen Blättern ► 5

2 • Blätter am Rand oder an den Blattscheiden mit langen Wimperhaaren
• Stängel ohne Knoten ► 3

2* • Blätter fast kahl
• Stängel mit Knoten ► 4

3 • Grundblätter 5–10 mm breit, Stängelblätter schmaler
• Ährchenstand wenigblütig, anfangs aufrecht, zur Fruchtzeit zurückgeschlagen

Haar-Hainsimse/Haar-Hainbinse
Blütenhüllblätter braun, die äußeren spitz und lang
(Familie Binsengewächse)

3

3* • Grundblätter 10–15 mm breit, am Rand lang bewimpert
• Ährchenstand reichblütig, an langen, bogenförmigen Ästen

Wald-Hainsimse/Große Hainsimse/Wald-Hainbinse
Blütenhüllblätter braun oder rotbraun mit grünem Mittelstreifen, die inneren länger als die äußeren
(Familie Binsengewächse)

3*

4 • Blütenstand wenigblütig
• Blütenstandsäste schräg aufwärts gerichtet

Einblütiges Perlgras (↗ S. 108)
Blatthäutchen sehr kurz, gegenüber der Blattspreite mit lanzettlichem Anhängsel, Ährchen einblütig
(Familie Süßgräser)

4

4

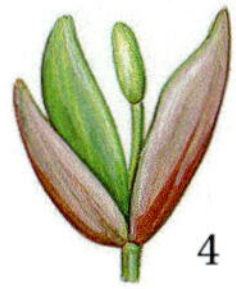
4

4* • Blütenstand (Rispe) reichblütig
• Rispenäste in der Blütezeit fast waagerecht vom Stängel abstehend, in der Fruchtzeit schräg aufwärts gebogen

Wald-Flattergras
Pflanze blaugrün, kahl, Blatthäutchen bis 7 mm lang, Deckspelze kurz zugespitzt, ohne Granne (Familie Süßgräser)

4*

4*

4*

5 • Blüten gelb, in einem doldenförmigen Blütenstand

Wald-Goldstern
Grundblätter 6–10 mm breit, an der Spitze kapuzenförmig zusammengezogen, Stängel schwach 5-kantig
(Familie Liliengewächse)

5

5

5* • Blüten weiß ▸ 6

6 • 4 Kronblätter, 4 Staubblätter

Zweiblättrige Schattenblume
1 oder 2 herzförmige Laubblätter
(Familie Liliengewächse)

6

6

6* • 6 Kronblätter, 6 Staubblätter ··· ► 7

7 • Stängel reich beblättert, bogenförmig geneigt
• Blüten länglich glockenförmig · ► 8

7* • Stängel blattlos, aufrecht
• Blüten rundlich

Maiglöckchen
Blätter elliptisch-lanzettlich, meist 2, Blüten duften, Früchte rote Beeren, Pflanze **giftig, geschützt**
(Familie Liliengewächse)

7*

7*

8 • Stängel kantig
• Blüten zu 1 bis 2, duftend, Blütenzipfel kahl
• Früchte violette Beeren

Duftende Weißwurz oder
Salomonssiegel oder
Gemeine Weißwurz
(Familie Liliengewächse)

8

8

8

8* • Stängel stielrund
• Blüten zu 3 bis 5, geruchlos, Blütenzipfel behaart
• Früchte dunkelblaue Beeren

Vielblütige Weißwurz
(Familie Liliengewächse)

8*

8*

8*

Bestimmungsschlüssel B – Pflanzen mit fiederförmig oder fingerförmig verlaufenden Blattnerven oder mit nur 1 Nerv (Zweikeimblättrige Pflanzen)

1 • Blätter quirlständig, 4 bis 8 Blätter gehen von einem Punkt aus···· ▶ 2

1* • Blätter grundständig, wechsel- oder gegenständig················· ▶ 3

2 • Blätter glänzend grün, duftend
• Blüte trichterförmig
• Früchte mit kräftigen Borsten besetzt
• Stängel 4-kantig

Waldmeister
(Familie Rötegewächse)

2

2

2

2* • Blätter und Stängel blaugrün
• Blüte radförmig
• Früchte kahl
• Stängel stielrund, fein 4-rippig, aufrecht

Wald-Labkraut
(Familie Rötegewächse)

2*

2*

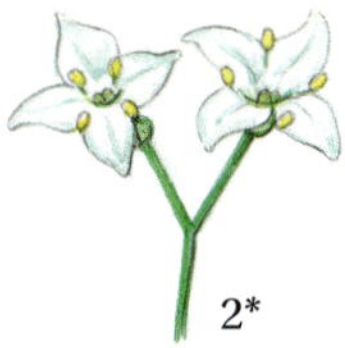

2*

3 • Blüte mit vielen Staubblättern·· ▶ 4

3* • Blüte mit höchstens 10 Staubblättern······················ ▶ 8

4 • Blätter dreiteilig, Blattabschnitte der Stängelblätter schmal········· ▶ 5

4* • Blätter dreilappig oder rundlich - herzförmig·················· ▶ 7

5 • Blüten weiß oder schwach violett, kahl

Busch-Windröschen
Blätter 3- bis 5-teilig, gestielt, ganze Pflanze schwach **giftig** (Familie Hahnenfußgewächse)

5

5* • Blüten gelb, außen behaart · · · · ► 6

6 • Pflanze fast kahl
• Pflanze 10–20 cm hoch

Gelbes Windröschen
Blätter 3-teilig, fast sitzend, ganze Pflanze schwach **giftig** (Familie Hahnenfußgewächse)

6

6* • Ganze Pflanze abstehend rauhaarig
• Pflanze 30–70 cm hoch

Wolliger Hahnenfuß
Blattzipfel der grundständigen Blätter breit eiförmig bis rundlich, Stängelblätter schmaler (Familie Hahnenfußgewächse)

6*

6*

7 • Blüten hellblau
• Blätter dreilappig, nur am Grunde

Leberblümchen
Blätter erscheinen nach der Blüte, unter Blüte 3 kelchartige grüne Hüllblätter, ganze Pflanze schwach **giftig, geschützt** (Familie Hahnenfußgewächse)

7

7

7* • Blüten gelb
• Blätter rundlich herzförmig, stark glänzend

Scharbockskraut
In den Blattachseln oft Brutknöllchen
(Familie Hahnenfußgewächse)

7*

8 • 2 oder 4 Staubblätter
• Blüte aus Ober- und Unterlippe
• Stängel vierkantig .... ► 9

8* • Bis zu 10 Staubblätter
• Blüte nicht aus Ober- und Unterlippe
• Stängel nicht deutlich vierkantig .... ► 11

9

9

9

9 • Blüten gelb, Unterlippe mit roten Flecken, dreilappig

Goldnessel
Lange oberirdische Ausläufer
(Familie Lippenblütengewächse)

9* • Blüten rot, Unterlippe anders gestaltet .... ► 10

10 • Blüten hellpurpurrot
• Unterlippe schwach geteilt, mit dunklen Punkten besetzt, seitlich mit zwei fadenförmigen Anhängseln

Gefleckte Taubnessel
Blüten in Scheinquirlen angeordnet, Kronröhre innen mit Haarring
(Familie Lippenblütengewächse)

10

10

10* • Blüten purpurrot, fast braunrot
• Unterlippe stark 3-teilig, ohne fadenförmige Anhängsel

Wald-Ziest
Blätter gestielt, breit herzförmig, dicht behaart, Blüten in Scheinquirlen
(Familie Lippenblütengewächse)

11 • Blüten grünlich, unscheinbar, klein

Wald-Bingelkraut
Pflanze zweihäusig, ohne Milchsaft, Blüten eingeschlechtig, in vielblütigen Blütenständen, Blätter gegenständig, gestielt, eiförmig, lanzettlich
(Familie Wolfsmilchgewächse)

11* • Blüten weiß, rot, blau oder gelb .... ► 12

12 • Blüten rot, rosa oder blau ...... ► 13

12* • Blüten weiß oder gelb .... ► 19

13 • Blüten zweiseitig symmetrisch · ► 14

13* • Blüten regelmäßig strahlig ..... ► 16

10*

10*

11

14 • Blüten schmetterlingsförmig
• Blätter gefiedert mit 2–4 Blättchenpaaren, eiförmig, lang zugespitzt

Frühlings-Platterbse
Blüten anfangs purpurrot, später blau bis blaugrün
(Familie Schmetterlingsblütengewächse)

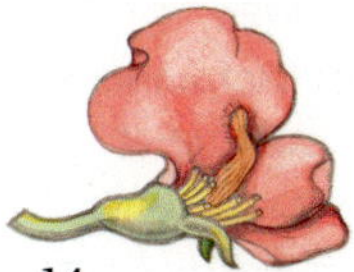

14

14

14* • Blüten nicht schmetterlingsförmig, mit einem Sporn
• Blätter ungeteilt, herzförmig ··· ▶ 15

15 • Kronblätter hellblauviolett
• Sporn weiß bis hellviolett, dick, hinten etwas nach oben gerichtet

Hain-Veilchen
Blätter herzförmig, Nebenblätter lanzettlich, gefranst
(Familie Veilchengewächse)

15

15

15

15* • Kronblätter rötlich violett
• Sporn dunkelviolett, dünn, schlank, nach abwärts gebogen

Wald-Veilchen
Blätter in grundständiger Rosette, breit herzförmig
(Familie Veilchengewächse)

15*

15*

16 • Kronblätter am Grunde miteinander verwachsen ·················· ▶ 17

16* • Kronblätter am Grunde nicht verwachsen

Ruprechtskraut oder
Stinkender Storchschnabel oder
Ruprecht-Storchschnabel
Blüten rosa, meist zu zweit, Stängel mit roten Drüsenhaaren, Blätter 3- bis 5-zählig, Pflanze riecht unangenehm
(Familie Storchschnabelgewächse)

16*

17 • Blüten glockenförmig mit spitzen Kronblattzipfeln · · · · · · · · · · · · · · ► 18

17* • Blüten trichterförmig mit abgerundeten Kronblattzipfeln

Echtes Lungenkraut
Blüten rot, violett oder blau, Blätter herz-eiförmig, oft gefleckt, Stängel und Blätter rau behaart
(Familie Boretschgewächse)

17*

17*

18 • Mittlere und obere Blätter schmal, mehr als 3-mal so lang wie breit, sitzend, kahl
• Blüten hellblau, weitglockig, bis 4 cm, kahl

Pfirsichblättrige Glockenblume
(Familie Glockenblumengewächse)

18

18

18* • Untere Blätter herzförmig, lang gestielt, obere eiförmig-länglich, sitzend, steifhaarig
• Blüten blauviolett, selten weiß, Kronblattrand mit vielen Haaren

Nesselblättrige Glockenblume
Stängel scharfkantig, behaart (Familie Glockenblumengewächse)

18*

19 • Blüten gelblich weiß oder gelb · ► 20

19* • Blüten weiß · · · · · · · · · · · · · · · · · · ► 22

20 • Blüten gelblich weiß

Wiesen-Wachtelweizen
Blüten zweilippig in einseitswendigen ährenförmigen Blütenständen, Kelchblätter kahl
(Familie Braunwurzgewächse)

20

20* • Blüten gelb · · · · · · · · · · · · · · · · · ► 21

21 • Blüten goldgelb, in ährenförmigen Blütenständen

Hain-Wachtelweizen
Blütenstand an der Spitze mit blauvioletten Deckblättern, Kelchblätter zottig behaart
(Familie Braunwurzgewächse)

21

21* • Blüten gelb, in doldenförmigen Blütenständen

Wald-Schlüsselblume
Blätter ungeteilt, allmählich in den Stiel verschmälert, runzlig, in grundständiger Rosette, **geschützt**
(Familie Primelgewächse)

22 • Blätter gegenständig · · · · · · · · · · ▶ 23

22* • Blätter grundständig, wechselständig oder fast quirlig, aber nicht deutlich quirlständig · · · · ▶ 24

23 • Untere Blätter gestielt, eiförmig bis herzförmig, obere Blätter sitzend
• Stängel stielrund, drüsig, weichhaarig

Hain-Sternmiere oder **Wald-Sternmiere**
(Familie Nelkengewächse)

23* • Alle Blätter ungestielt und sitzend, schmal lanzettlich
• Stängel unten vierkantig

Echte Sternmiere
(Familie Nelkengewächse)

21*

21*

23

23

23*

23*

24 • Blüten in doldenförmigen Blütenständen

Zaun-Giersch
Blätter wechselständig, oben einfach, unten doppelt 3-zählig
(Familie Doldenblütengewächse)

24* • Blüten einzeln oder zu zweit ··· ► 25

25 • Blätter lanzettlich, wechselständig, am Ende des Stängels einen fast quirligen Blattschopf bildend
• Blüten mit 7 Kronblättern, lang gestielt, Kronblätter spitz

Europäischer Siebenstern
(Familie Primelgewächse)

25* • Blätter grundständig, lang gestielt, 3-zählig
• Blüten mit 5 abgerundeten Kronblättern, weiß mit roten Adern

Wald-Sauerklee
(Familie Sauerkleegewächse)

24

25

25*

7.2 Pflanzen auf feuchten Wiesen

Wiesen und Weiden können nur durch Mahd und Weidebetrieb weitgehend gehölzfrei gehalten werden. Diese regelmäßige Bewirtschaftung führt zu einer Auslese des Pflanzenbestandes. Es können dort nur solche Arten existieren, die den Schnitt durch Sense und Mähmaschine oder den Verbiss und die Trittbelastung durch das Weidevieh ertragen können.

Im Vorteil sind Pflanzen, die sich dem Mähschnitt durch frühe Blüte- und Fruchtzeit (Frühjahrsblüher, z. B. *Schlüsselblume*) oder durch dem Boden anliegende Blattrosetten (z. B. *Kuhblume, Löwenzahn*) und kriechende Sprosse (z. B. *Weiß-Klee, Kriechender Hahnenfuß)* fast ganz entziehen.

Im Vorteil sind auch ausdauernde Pflanzen, die sich insbesondere ungeschlechtlich mit Ausläufern oder Wurzelstöcken (z. B. *Hornkraut, Wiesen-Knöterich*) fortpflanzen können. Wiesenpflanzen müssen nach der Mahd rasch nachwachsen, damit sie wieder assimilieren können. Dabei sind Pflanzen mit tief reichenden Wurzelsystemen und Speicherorganen (Pfahlwurzeln, z. B. *Sauerampfer, Pastinak*) begünstigt, weil sie auch gegen zeitweilige oberflächliche Austrocknung des Wiesenbodens infolge fehlender Beschattung nach der Heuernte oder in regenarmen heißen Sommerwochen geschützt sind. In Abhängigkeit vom Wasser- und Nährstoffgehalt des Bodens und vom Klima entwickeln sich an unterschiedlichen Standorten sehr verschiedene Wiesenpflanzengesellschaften, z. B. Nasswiesen an sumpfigen Stellen, Frisch- und Fettwiesen an feuchten und nährstoffreichen Standorten und Steppenrasen an trockenen, zeitweilig stark erwärmten Standorten.

Einige Pflanzen auf vorwiegend mäßig nährstoffreichen Feuchtwiesen

1 • Blätter nur grundständig …… ► 2

1* • Blätter auch stängelständig …. ► 7

2 • Blüten in Körben …………. ► 3

2* • Blüten in anderen Blütenständen ………………… ► 5

3 • Blütenkörbe am Rande mit weißen oder rötlichen Zungenblüten, in der Mitte gelbe Röhrenblüten
• Blätter spatelförmig, bis 5 cm lang, fast ganzrandig, behaart, als Rosette

Ausdauerndes Gänseblümchen
(Familie Korbblütengewächse)

3

3* • Blütenkörbe nur mit gelben Zungenblüten
• Blätter länglich, länger als 5 cm, mit Blattzähnen, kahl, als Rosette ‥ ► 4

4 • Stängel verzweigt, mit mehreren Blütenkörben und wenigen Schuppen
• Hauptblütezeit August/September

Herbst-Löwenzahn
(Familie Korbblütengewächse)

4

4* • Stängel nicht verzweigt, mit 1 Blütenkorb, ohne Schuppen
• Hauptblütezeit Mai/Juni

Gemeine Kuhblume
(Familie Korbblütengewächse)

4* 4*
Gemeiner Löwenzahn

5 • Blätter lanzettlich, glatt, parallelnervig

- Einzelblüten unscheinbar, grün oder bräunlich, in eiförmigen länglichen Blütenständen

Spitz-Wegerich
(Familie Wegerichgewächse)

5* • Blätter länglich eiförmig, runzelig, netznervig
- Einzelblüten ansehnlich, gelb, in doldigen Blütenständen ······ ► 6

6 • Blütenkrone hellgelb, Kronsaum flach, tellerförmig, geruchlos
- Kelch der Kronröhre anliegend

Hohe Schlüsselblume/Wald-Schlüsselblume, geschützt
(Familie Primelgewächse)

6* • Blütenkrone goldgelb, Kronsaum aufgewölbt schüsselförmig, wohlriechend
- Kelch bauchig abstehend

Wiesen-Schlüsselblume, geschützt (Familie Primelgewächse)

7 • Blätter quirlständig, zu 6 bis 12 zusammenstehend ··········· ► 8

7* • Blätter einzeln oder nur 2 zusammenstehend ·········· ► 9

8 • Blütenkrone weiß, Stängel vierkantig
- Blätter lineal-lanzettlich, 2–8 mm breit, beiderseits grün

Wiesen-Labkraut
(Familie Rötegewächse)

5

6

6

6*

6*

8

8

8* • Blütenkrone gelb, Stängel rund, mit 4 Rippen
- Blätter linealisch, bis 2 mm breit, oberseits grün, unterseits weißlich, stachelspitzig

Echtes Labkraut
(Familie Rötegewächse)

8*

8*

9 • Blätter gegenständig .... ► 10

9* • Blätter wechselständig .... ► 16

10 • Grundblätter rundlich eiförmig, lang gestielt, Stängelblätter leierförmig-fiederteilig
- Blüten klein, Krone rosa (♂), weiß (♀)
- Einzelblüten in endständigem kopfigem Blütenstand zusammengedrängt

Kleiner Baldrian
(Familie Baldriangewächse)

10

10

10* • Grund- und Stängelblätter gleich oder ähnlich
- Blütenkrone nicht rosa
- Einzelblüten nicht kopfig zusammengedrängt .... ► 11

11 • Blütenkrone rot .... ► 12

11* • Blütenkrone weiß, blau oder gelb .... ► 13

12 • Kronblätter 2-spaltig
- Stängelblätter eiförmig
- Pflanze weichhaarig

Rote Lichtnelke
(Familie Nelkengewächse)

12

12

12* • Kronblätter 4-spaltig
- Stängelblätter lanzettlich
- Pflanze rauhaarig

Kuckucks-Lichtnelke
(Familie Nelkengewächse)

12*

12*

12*

13 • Kronblätter frei, weiß
- Blüten regelmäßig, 5-strahlig ·· ► 14

13* • Kronblätter verwachsen, gelb oder blau
- Blüten nicht regelmäßig strahlig ······················ ► 15

14 • Kronblätter tief geteilt
- Blätter lineallanzettlich, am Grund gewimpert

Gras-Sternmiere
(Familie Nelkengewächse)

14

14

14* • Kronblätter wenig gespalten, 2-lappig
- Blätter breit lanzettlich, kurzhaarig

Gemeines Hornkraut
(Familie Nelkengewächse)

14*

14*

15 • Blütenkrone blau, 4-zipflig
- Staubblätter 2
- Frucht herzförmige flache Kapsel, Samen fest eingeschlossen

Gamander-Ehrenpreis
Blätter eiförmig, sitzend oder kurz gestielt
(Familie Braunwurzgewächse)

15

15

15

15* • Blütenkrone gelb, 2-lippig, Oberlippe oft mit blauer oder weißlicher Spitze
- Staubblätter 4
- Fruchtkapsel in bauchigem Kelch, Samen locker, klappern beim Schütteln (Name!)

Klappertopf
(Gattung mit 5 Arten,
Familie Braunwurzgewächse)

16 • Blüten in dichten Blütenständen ▸ 17

16* • Blüten in lockeren Blütenständen oder einzeln ▸ 25

17 • Blüten in Körben ▸ 18

17* • Blüten in anderen dichten Blütenständen ▸ 21

18 • Blütenkörbe am Rande mit weißen Zungenblüten, in der Mitte mit gelben Röhrenblüten
- Blätter ungeteilt, Rand gekerbt, gezähnt oder gesägt
- Fruchtknoten und Frucht ohne Haarkranz

Wiesen-Margerite oder
Weiße Wucherblume
(Familie Korbblütengewächse)

18* • Blütenkörbe mit gleichen Einzelblüten (Form, Farbe nicht verschieden)
- Blätter meist tief geteilt, fiederspaltig, Rand gezähnt
- Fruchtknoten und Frucht mit Haarkranz ▸ 19

15*

15*

15*

Kleiner Klappertopf

19

19

19

19

19 • Blütenkörbe nur mit Zungenblüten, leuchtend gelb
• Fruchtknoten und Frucht mit ungefiedertem Haarkranz
• Blattzähne ohne Stachelspitzen

Wiesen-Pippau oder
Wiesen-Grundfeste
Äußere Hüllblätter abstehend, innere anliegend
(Familie Korbblütengewächse)

19* • Blütenkörbe nur mit Röhrenblüten, blassgelblich oder rotviolett
• Fruchtknoten und Frucht mit gefiedertem Haarkranz
• Blattzähne mit Stachelspitzen · · ► 20

20 • Blüten gelblich weiß, Körbe von bleichgrünen kohlartigen Hochblättern umhüllt (Name!)
• Stachelspitzen weich, nicht stechend
• Stängel ohne Blattsäume

Kohl-Kratzdistel oder **Kohldistel**
(Familie Korbblütengewächse)

20* • Blüten rotviolett, Körbe gehäuft, auf sehr kurzen Stielen, ohne Hochblätter
• Stachelspitzen hart, stechend
• Stängel mit stacheligen Blattsäumen

Sumpf-Kratzdistel
(Familie Korbblütengewächse)

21 • Blätter einfach, ungeteilt
• Blüten in länglichen ährenförmigen Blütenständen · · · · · · · · · · · · · · · · ► 22

19

19

19

20

20

20*

20*

20*

21* • Blätter zusammengesetzt
• Blütenstände rundliche Köpfchen .... ► 23

22 • Kronblätter rosarot
• Blütenstand walzenförmig
• Grundblätter länglich-eiförmig, ganzrandig, am Rande wellig

Wiesen-Knöterich oder
Schlangenknöterich
(Familie Knöterichgewächse)

22* • Kronblätter violett, dunkelblau, blau oder weißlich, meist krallenförmig gekrümmt
• Blütenstand eiförmig, erst zur Fruchtzeit lang gestreckt und walzenförmig
• Grundblätter lang gestielt, eiförmig oder herzförmig, gesägt, nicht wellig

Teufelskralle
Gattung mit 6 Arten
(Familie Glockenblumengewächse)

23 • Blätter unpaarig gefiedert
• Blütenköpfchen eiförmig, Blüten schwarzrot oder braun
• Pflanzen 50–150 cm hoch

Großer Wiesenknopf
(Familie Rosengewächse)

23* • Blätter 3-zählig
• Blütenköpfchen kugelförmig, Blüten weiß oder rot
• Pflanzen bis zu 40 cm hoch oder lang .... ► 24

22

22

22*

Schwarze Teufelskralle 22*

22*
Ährige Teufelskralle

22*

23

23

24 • Kronblätter weiß oder hellrosa
• Stängel kriechend, wurzelnd

Weiß-Klee
(Familie Schmetterlingsblütengewächse)

24* • Kronblätter rot
• Stängel aufrecht, behaart

Rot-Klee oder **Wiesen-Klee**
(Familie Schmetterlingsblütengewächse)

24

25 • Blätter einfach ················ ► 26

25* • Blätter zusammengesetzt ······ ► 33

26 • Blätter länglich, ungeteilt ······ ► 27

26* • Blätter gespalten oder geteilt, mit unterschiedlichen tiefen Einschnitten ················ ► 30

27 • Blätter rauhaarig ·············· ► 28

27* • Blätter nicht rauhaarig, meist kahl ···················· ► 29

24*

28 • Pflanzen 30–100 cm hoch
• Blüten glockenförmig, Blütenkrone violett, rosa oder gelblich weiß
• Stängel mit Blattsäumen

Gemeiner Beinwell
Blätter breit lanzettlich, steifhaarig, bis zum nächsten Blatt herablaufend
(Familie Boretschgewächse)

28

28

28* • Pflanzen 10–100 cm hoch
- Blüten tellerförmig, Blütenkro
  mit gelbem Schlund
- Stängel ohne Blattsäume

> **Sumpf-Vergissmeinnicht**
> Blätter lanzettlich, sitzend, b
> haart, Stängel kantig, behaa
> (Familie Boretschgewächse)

29 • Blüten klein, strahlig, rötlich bi
  in vielblütigen Blütenständen
- Stängelblätter spießförmig, mi
  am Stängel über dem Blattgru
- Pflanzen 30–100 cm hoch

> **Wiesen-Sauerampfer**
> Untere Blätter lang gestielt, obere
> sitzend, sauer schmeckend
> (Familie Knöterichgewächse)

29* • Blüten trichterförmig, violett oder blau (selten weiß), in wenigblütigen Rispen
- Stängelblätter lanzettlich, ohne Tuten
- Pflanzen 30–60 cm hoch

> **Wiesen-Glockenblume**
> (Familie Glockenblumen-
> gewächse)

30 • Kronblätter gelb
- Früchte mit hakenförmiger Spitze · ► 31

30* • Kronblätter blau oder violett, in 2-blütigen Blütenständen
- Früchte mit storchschnabelartigem Fortsatz (Name!) · · · · · · · · · · · · · ► 32

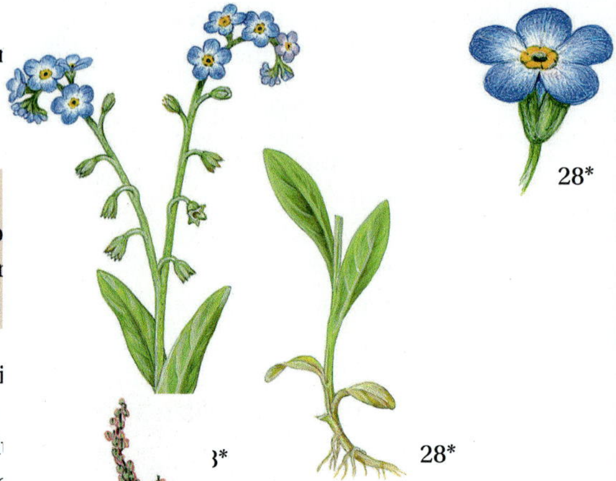

28*

28*

28*

29

29

29*

29*

29*

30

30*

31 • Blüten kugelförmig geschlossen (Name!), 6–15 Kronblätter, keine Kelchblätter
• Stängel oben unverzweigt, mit 1 Blüte

Trollblume
Blätter handförmig geteilt, **geschützt**
(Familie Hahnenfußgewächse)

31* • Blüten schalenförmig offen, 5 gelbe Kronblätter, 5 grüne Kelchblätter
• Stängel oben verzweigt, mehrblütig

Scharfer Hahnenfuß
Untere Blätter 5-teilig, obere Blätter 3-teilig, sitzend, **giftig**
(Familie Hahnenfußgewächse)

32 • Blütenstiele immer aufrecht
• Kronblätter violett

Wald-Storchschnabel
Blätter handförmig gespalten, 7-spaltig
(Familie Storchschnabelgewächse)

32* • Blütenstiele nach dem Verblühen herabgebogen
• Kronblätter blau bis hellblau

Wiesen-Storchschnabel
Blätter handförmig geteilt, 7-teilig
(Familie Storchschnabelgewächse)

33 • Blüten in Doppeldolden ······ ► 34

31

31

31*

31*

31*

32

32

32*

32*

33* • Blüten in anderen Blütenständen ▶ 36

34 • Kronblätter gelb
• Blätter einfach gefiedert, Fiederblättchen breit eiförmig oder fiederteilig, 3- bis 7-paarig

Gemeiner Pastinak
(Familie Doldengewächse)

34* • Kronblätter weiß oder rosa
• Blätter doppelt gefiedert ▶ 35

35 • Fiederblättchen mit sehr schmalen Zipfeln (1–3 cm), ganzrandig
• Blattscheiden schmal, z. T. mit Fiederblättchen am Scheidengrund
• Stängel gerillt, nicht bereift
• Früchte (Kümmelkörner) ohne Hautränder

Wiesen-Kümmel
(Familie Doldengewächse)

35* • Fiederblättchen breit eiförmig (1,5 –3 cm breit), gesägt
• Blattscheiden bauchig aufgetrieben, stets ohne Fiederblättchen
• Stängel unten glatt, weißlich bereift (abwischbarer Belag)
• Früchte mit Hauträndern

Wald-Engelwurz
(Familie Doldengewächse)

36 • Blätter mit Ranken ▶ 37

36* • Blätter ohne Ranken ▶ 38

34

34

35

35

35*

35*

37 • Kronblätter gelb, Schmetterlingsblüte
• Blätter mit 1 Paar Fiederblättchen, Nebenblätter breit pfeilförmig (breiter als 5 mm)

Wiesen-Platterbse
(Familie Schmetterlingsblütengewächse)

37* • Kronblätter blau, violett, rosa, weiß, selten gelb, Schmetterlingsblüte
• Blätter mit mehreren Paaren Fiederblättchen, Nebenblätter klein (schmaler als 5 mm)

Wicke
(Gattung mit 22 Arten, Familie Schmetterlingsblütengewächse)

38 • Blätter gefiedert, Fiederblättchen unterschiedlich groß
• Blüten einzeln, nickend
• Kronblätter außen rötlich, innen gelb

Bach-Nelkenwurz
(Familie Rosengewächse)

38* • Blätter kleeartig, 3-zählig, Teilblättchen etwa gleich groß, am Grunde 2 große Nebenblätter
• Blüten zu mehreren in kleinen Dolden
• Kronblätter gelb, außen oft rot überlaufen

Gemeiner Hornklee
(Familie Schmetterlingsblütengewächse)

37

37*

37*

Vogel-Wicke

38

38

38*

38*

7.3 Pflanzen der Gewässerufer

Gewässerufer sind Biotope (Lebensräume) mit spezifischen Bedingungen:
- oft weicher (schlammiger) Moorboden, der auch bei Trockenheit meist gut durchfeuchtet ist,
- pH-Wert vorwiegend im sauren Bereich,
- oft Beeinflussung durch wechselnden Wasserstand und Wind,
- starke Beschattung des Bodens durch Bäume und Sträucher.

Pflanzen, die hier wachsen, weisen Anpassungen an diese Lebensbedingungen auf: Stängel und Blätter oft mit innerem „Durchlüftungssystem“ (z. B. *Froschlöffel,* Binse); stark ausgeprägte ungeschlechtliche Vermehrung durch Ausläufer und Wurzelstöcke.

Ein See ist in bestimmte **Zonen gegliedert** (z. B. Röhrichtzone, Schwimmblattzone). In jeder Zone leben bestimmte Pflanzen aufgrund der unterschiedlichen Umweltverhältnisse (z. B. Wassertiefe, Temperatur, Lichtintensität).

Bruchwaldzone
Erlen, Weiden, Seggen, Schwertlilien, Gilbweiderich, Blutweiderich

Röhrichtzone
Schilfrohr, Rohrkolben, Binsen, Simsen, Pfeilkraut, Froschlöffel

Schwimmblattzone
Seerose, Teichrose, Schwimmendes Laichkraut, Wasser-Knöterich

Tauchblattzone
Krauses Laichkraut, Tausendblatt, Hornblatt

Tiefenalgenzone
Armleuchteralgen, Grünalgen, Kieselalgen

Freiwasserzone
pflanzliches Plankton

Einige Pflanzen des Gewässerufers

1 • Holzgewächse – Baum oder Strauch ▶ 2

1* • Krautige Pflanze ▶ 6

2 • Baum – Pflanze mit einem Stamm, mit Ästen und Zweigen ▶ 3

2* • Strauch – Pflanze mit mehreren über der Bodenoberfläche ausgehenden Verzweigungen ▶ 4

3 • Blätter schmal lanzettlich oder breit elliptisch
• Fruchtstände kätzchenförmig, nicht verholzt

> **Weide**
> Blüten in kätzchenförmigen Blütenständen, zweihäusig, oft auch als Strauch ausgebildet
> (Familie Weidengewächse)

3* • Blätter rundlich, vorn stumpf oder ausgerandet, schwach gesägt
• Fruchtstände zapfenförmig verholzt, Zapfen gestielt

> **Schwarz-Erle**
> (Familie Birkengewächse)

3** • Blätter eiförmig-elliptisch, vorn zugespitzt, doppelt gesägt
• Fruchtstände zapfenförmig verholzt, Zapfen ungestielt, fast sitzend

> **Grau-Erle**
> (Familie Birkengewächse)

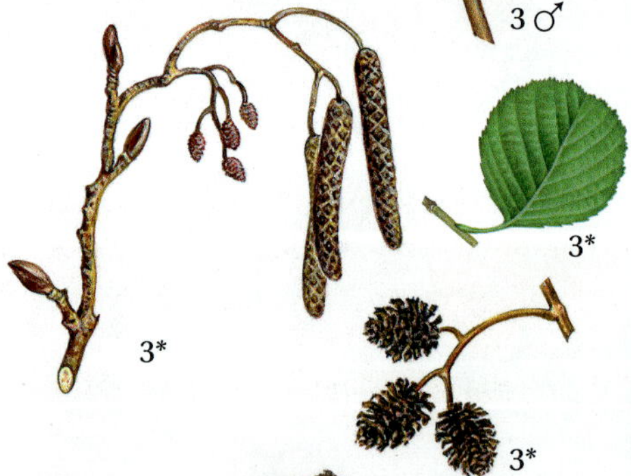

4 • Blätter ungeteilt, eiförmig ganzrandig

Faulbaum
Blüten klein, grünlich, in den Blattachseln, Früchte kugelig, erst rot, dann schwarz
(Familie Kreuzdorngewächse)

4* • Blätter gefiedert mit 5–7 Fiederblättchen ·············· ► 5

5 • Blütenstände schirmförmig
• Kronblätter weiß
• Früchte schwarze Beeren
• Zweige mit weißem Mark

Schwarzer Holunder
Zweige, Blätter riechend
(Familie Geißblattgewächse)

5* • Blütenstände ei- oder kugelförmig
• Kronblätter gelblich bis grünlich gelb
• Früchte rote Beeren
• Zweige mit gelbbraunem Mark

Roter Holunder oder
Trauben-Holunder
(Familie Geißblattgewächse)

6 • Pflanze windend·············· ► 7

6* • Pflanze nicht windend ········ ► 8

7 • Blätter pfeilfömig, Blattrand ganzrandig
• Blüten einzeln, trichterförmig, Kronblätter weiß

Ufer-Zaunwinde/Zaun-Winde
(Familie Windengewächse)

4

4

5

5

5*

5*

7

7

7* • Blätter 3- bis 5-lappig, Blattrand scharf gesägt
• Blüten gelblich grün, zu mehreren im ährenähnlichen (♀) Blütenstand oder Blüten grün, zu mehreren im rispenähnlichen (♂) Blütenstand

Gemeiner Hopfen
Stängel rechtswindend, mit steifen, hakigen Borsten besetzt, Pflanze zweihäusig
(Familie Hanfgewächse)

7* ♂

7* ♀

7*

8 • Blüten gelb ▸ 9

8* • Blüten weiß, rot, blau, violett oder braun ▸ 13

9 • Blätter schwertförmig, sitzend

Wasser-Schwertlilie
Blüten auffällig groß, 3 äußere große Kronblätter, zurückgeschlagen, 3 innere kleine Kronblätter, aufrecht, ganze Pflanze **giftig, geschützt**
(Familie Schwertliliengewächse)

9

9

9* • Blätter anders gestaltet ▸ 10

10 • Blätter zusammengesetzt, 3-zählig

Kriechender Hahnenfuß
Blüten meist mit 5 glänzenden Kronblättern, zahlreichen Staubblättern und mehreren Fruchtknoten, Pflanze mit kriechenden Ausläufern
(Familie Hahnenfußgewächse)

10

10* • Blätter nicht zusammengesetzt, einfach ····················· ► 11

11 • Blätter herz- bis nierenförmig, dunkelgrün, glänzend

Sumpf-Dotterblume
Blüten dottergelb, ohne Kelchblätter, Stängel dick, hohl
(Familie Hahnenfußgewächse)

11* • Blätter schmal länglich ········ ► 12

12 • Blätter schmal lanzettlich, lang zugespitzt
• Stellung der Blätter am Stängel kreuzweise gegenständig
• Blüten klein, als eiförmige dichte Traube in den Blattachseln

Strauß-Gilbweiderich
(Familie Primelgewächse)

12* • Blätter eiförmig lanzettlich
• Stellung der Blätter am Stängel gegenständig oder quirlig
• Blüten groß, in einem endständigen rispenartigen Blütenstand

Gemeiner Gilbweiderich
(Familie Primelgewächse)

13 • Blüten weiß oder rötlich ······· ► 14

13* • Blüten rot, blau oder braun ···· ► 17

11

12

12*

14 • Blätter kleeblattähnlich, dreizählig, lang gestielt

Dreiblättriger Fieberklee oder **Bitterklee**
Blüten weiß, trichterförmig, in einem traubenförmigen Blütenstand, Kronblattzipfel zurückgebogen, weißbärtig, **geschützt**
(Familie Fieberkleegewächse)

14

14

14* • Blätter nicht kleeblattähnlich, einfach .... ► 15

15 • Pflanze mit dichten, abstehenden Borsten, rau
• Blätter breit lanzettlich, bis zum nächsten Blatt herablaufend

Gemeiner Beinwell
Blüten rötlichviolett oder gelblichweiß, Blütenstand nickend
(Familie Borretschgewächse)

15

15

15* • Pflanze kahl
• Blätter pfeilförmig oder löffelförmig .... ► 16

16 • Blätter pfeilförmig
• Blüten weiß, in dreizähligen Quirlen angeordnet

Spitzes Pfeilkraut
Kronblätter mit rotem Fleck am Grunde
(Familie Froschlöffelgewächse)

16

16

16

16* • Blätter löffelförmig
• Blüten weiß oder rötlich, in einer pyramidenförmigen, quirlästigen Rispe angeordnet

Gemeiner Froschlöffel
(Familie Froschlöffelgewächse)

16*

16*

17 • Blüten rot ► 18

17* • Blüten blau, violett oder braun ► 21

18 • Blätter unpaarig gefiedert, obere 3-zählig, untere 5- bis 7-zählig, untere Seite blaugrün

Blutauge oder
Sumpf-Fingerkraut
Kronblätter braunrot, spitz, kleiner als die inneren dunkelroten Kelchblätter
(Familie Rosengewächse)

18

18

18* • Blätter einfach ► 19

19 • Blüten zweiseitig symmetrisch

Sumpf-Ziest oder **Schweinsrübe**
Blätter schmal, länglich bis lanzettlich, kurzhaarig, kreuzweise gegenständig, Blüten in 6- bis 12-zähligen Quirlen, Stängel vierkantig, steifhaarig, unterirdische Ausläufer mit knollenförmigen Verdickungen zur Speicherung und Überdauerung, früher als Schweinefutter
(Familie Lippenblütengewächse)

19

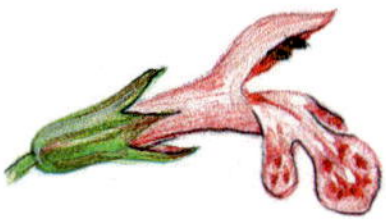

19

19* • Blüten strahlig ► 20

20 • Blüten in einer langen endständigen Ähre
• Blätter lanzettlich, meist gegenständig angeordnet

Gemeiner Blutweiderich oder **Blut-Weiderich**
Stängel vierkantig, aufrecht
(Familie Blutweiderichgewächse oder Weiderichgewächse)

20

20

20* • Blüten in den Blattachseln in langen Trauben
• Blätter lanzettlich, etwas am Stängel herablaufend, meist kreuzweise gegenständig angeordnet

Rauhaariges Weidenröschen
Stängel stielrund, mit abstehenden Haaren
(Familie Nachtkerzengewächse)

20*

20*

21 • Blüten blau oder violett ······· ► 22

21* • Blüten braun ················· ► 24

22 • Pflanze mit starkem Pfefferminzgeruch, Stängel vierkantig

Wasser-Minze
Blüten hellviolett, in endständigen rundlichen köpfchenförmigen Blütenständen, Blätter kreuzweise gegenständig, eiförmig, meist behaart
(Familie Lippenblütengewächse)

22

22* • Pflanze nicht nach Pfefferminze riechend, Stängel rund oder kantig ················· ► 23

23 • Blätter wechselständig, lanzettlich, sitzend, behaart
• Blüten hellblau, in lockeren endständigen blattlosen Trauben
• Stängel kantig

Sumpf-Vergissmeinnicht
(Familie Borretschgewächse)

23

23

23* • Blätter gegenständig, eiförmig bis fast kreisrund, fleischig, kurz gestielt, kahl
• Blüten himmelblau, als Traube in den Blattachseln, Blüte mit 2 Staubgefäßen
• Stängel fast stielrund

Bach-Ehrenpreis
(Familie Braunwurzgewächse)

23*

23*

24 • Stängel rund, behaart
• Obere Blätter dreizählig, untere Blätter gefiedert
• Blüten einzeln, glockig, nickend, Kronblätter außen rötlich, innen gelblich, Kelchblätter rotbraun

Bach-Nelkenwurz
(Familie Rosengewächse)

24

24* • Stängel scharf vierkantig, kahl
• Blätter einfach eiförmig, kreuzweise gegenständig
• Blüten in lockeren endständigen Rispen, nicht nickend, Blüte bauchig, innen braunrot, außen grünlich

Knotige Braunwurz
(Familie Braunwurzgewächse)

24*

24*

Register

H

T

Bildquellenverzeichnis

Biopix. dk JC Schov: 112/1; Brezmann, Susanne, Hamburg: 137/2, 143/1, 144/2, 146/2; corel photos: 108/2; DUDEN PAETEC GmbH: 152/3; Dr. Anton E. Lafenthaler, Bad Hofgastein: 138/2, 149/2; Dr. Frank Sauer/Frank Hecker: 111/2, 112/2, 113/2, 147/1, 2, 148/2; Horn, Frank, Rostock: 138/1, 145/1; Horst Helbing/Naturbild/OKAPIA/picture-alliance: 109/2; IMA, Bonn: 107/1, 108/1, 109/1; Klaeber, W., Rangsdorf: 144/1; Liesenberg, G., Berlin: 106/1; Lüth, M., Freiburg: 139/1, 2, 140/1, 2, 141/1, 2; Naturfotografie Frank Hecker: 143/3, 145/2, 146/1, 152/2, 153/3; Pews, Hans-Ulrich, Berlin: 151/3, 153/2; Probst, Wilfried, Flensburg: 143/2, 150/2; Prof. Dr. U. Kirschbaum, FH Gießen: 152/1, 153/1;0 Theuerkauf, Horst, Gotha: 106/2, 107/2, 111/1, 148/1, 149/1, 150/3, 151/2; Wirth, V., Murr: 150/1, 151/1; www.naturganznah.de/Deuerling: 110/1, 2, 113/1, 137/1

Die Mehrzahl der Zeichnungen fertigte die Grafikerin Christiane Gottschlich aus Berlin an. Ihr gilt besonders unser Dank.

Einige krautige Samenpflanzen

Wilde Möhre
Familie Doldengewächse

Kriechender Hahnenfuß
Familie Hahnenfußgewäch

Zweiblättrige Schattenblume
Familie Liliengewächse

Wald-Erdbeere
Familie Rosengewächse

Sonnenblume
Familie Korbblüten-
gewächse

Pyramiden-Günsel
Familie Lippen-
blütengewächse